PROJEKT MANAGEMENT

Das Grundlagen Buch zu agiles Projektmanagement, Scrum & Kanban. Wie Sie Projekte effektiv planen, steuern und mit Erfolg durchführen. Ziele erreichen mit Disziplin & Fokus!

2. Auflage

INHALT

Vorwort

Zum Schluss des letzten Jahrhunderts war man mit den bekannten Formen eines Projektmanagements mehr als unzufrieden. Sie waren nicht auf die rasante Entwicklung der Wirtschaft angepasst, da sie an steife Vorgehensweisen gebunden und absolut unflexibel bei kurzfristigen Änderungen waren. Insbesondere in der aufstrebenden, sich ständig verändernden Welt der Daten- und Software waren diese Projektformen nicht mehr angepasst. Das vorrangige Ziel war es also, Software mit geringstem Aufwand entwickeln zu können und dabei festgelegte Regeln einzuhalten. Diese Art der Entwicklung nannte man „agil". Die Regeln, auch genannt Werte und Prinzipien, wurden im „Agilen Manifest" niedergeschrieben. Sie bestehen aus zwölf Grundregeln und vier Werten und sind bis zum heutigen Tag die Grundlage jeglichen agilen Arbeitens. Obwohl agil eigentlich für den Softwarebereich entwickelt wurde, finden wir es heute auch in der klassischen Projektplanung, in der es als ein eigenständiges Werkzeug innerhalb der Projektarbeit eingesetzt wird. Genannt wird es dann „agiles Projektmanagement".
Der Begriff „agil" ist aber in der Vergangenheit zu einem Trend geworden und hat sehr an Beliebtheit gewonnen. Unternehmen glänzen vielfach damit, agil zu sein. Resultierend daraus hat der Begriff „agil" leider eine Definition erhalten, die dieser Methode nicht mehr gerecht wird. Sehr schnell greifen Unternehmen in ihren Projekten zu diesem Wort, es ist ja trendig. Nur in der Praxis wird es nicht umgesetzt. Oft werden Projekte als agil bezeichnet, die eigentlich eher als chaotisch bezeichnet werden müssten. Man kann es sehr deutlich mit einem Spruch aus der Werbung beschreiben.

„Nicht überall, wo agil draufsteht, ist auch agil drin."

Eigentlich ist der Begriff „Agiles Projektmanagement" falsch. Der ursprüngliche Einsatz innerhalb der Softwareentwicklung entsprach mehr einem Prozessmanagement. Der Prozess in der Softwareentwicklung wurde ursprünglich auf einem traditionellen Projektmanagement, auch Wasserfallmodell genannt, aufgebaut. Man setze hierbei voraus, dass Anforderungen an das Produkt bereits bei Beginn des Projektes auf das genaueste definiert waren. Das Wort „Wasserfallmodell" wurde aus dem

Projektverfahren abgeleitet, denn vom Projektstart an wurden im Gesamtablauf des Verfahrens, aus den gewonnenen Erkenntnissen, weitere Anforderungen angeschlossen. Das Ganze baute sich stufenweise auf, entsprach also bildlich gesehen einem Wasserfall. Oft war aber in diesem Projektablauf, aufgrund der sehr umfangreichen Anforderung zu Beginn des Projektes und der nachfolgenden „Wasserfall-Stufen", das gesamte Projekt zum Scheitern verurteilt. Somit wurde die Wasserfall-Methode sukzessiv durch die agile Methode abgelöst.

Um das Agile Projektmanagement in der Praxis einzusetzen, müssen bei den Projektteilnehmern zwingend Kenntnisse des traditionellen Projektmanagements vorliegen, um die Umsetzung der verschiedenen Planungsmethoden und Werkzeugen des agilen Projektmanagements verstehen zu können. Das Ziel des Agilen Projektmanagements ist es, ein Projektteam in die Lage zu versetzen, mit hoher Qualität und weitestgehend freien Handlungsrahmen ein Projekt optimal zu verwirklichen.

In diesem Handout wird der Begriff „agil" so verwendet, wie er sich aus der Softwareentwicklung entwickelt hat und später in einem geltenden Regelwerk, dem Agilen Manifest, niedergeschrieben wurde. Das Agile Manifest wird später noch im Detail beschrieben. Dabei geht es im Kern um schnelle Veränderungen bei den Produktanforderungen, explizit um Veränderungen innerhalb des Projektablaufs. Dabei werden Ihnen die wichtigsten Werkzeuge und Planungsmethoden des Agilen Projektmanagements vorgestellt.

Es bestehen allerdings nicht nur Vorteile bei diesem Verfahren, leider liegen auch Nachteile vor. Auch diese werden Ihnen im Folgenden vorgestellt.

Erkenntnisse aus den Vor- und Nachteilen, sowie den Methoden und Vorgehensweisen des Agilen Projektmanagements lassen immer mehr Anwender zu der Erkenntnis kommen, doch wieder auf den festen Handlungsrahmen des traditionellen Projektmanagements zurückzukehren. Einige Anwender bezeichnen das Agile Projektmanagement sogar als veraltet und wenig leistungsfähig. Das ist aber grundsätzlich falsch, da unbeachtet bleibt, dass alle neuen Projektmanagement-Modelle ihre Basis in der traditionellen Verfahrensweise haben, darauf aufgebaut sind und lediglich als Alternative für die Projektumsetzung zu verstehen sind.

Schlussendlich muss jeder Projektleiter für sich entscheiden, welche Art des Projektmanagement sich am besten für die eigene Projektarbeit eignet. Vor dieser Entscheidung sollten also alle vorhandenen Gesichtspunkte genauestens betrachtet werden.

Die Kombination des traditionellen Projektmanagement mit dem Agilen Projektmanagement wird im Übrigen als „Hybrides Projektmanagement" bezeichnet.

Ganz besonders muss noch auf die teilweise unterschiedlich genutzten Begriffe Prozess und Projekt hingewiesen werden. Oft werden diese beiden Begriffe verwechselt. Folgende Unterschiede liegen vor:

Bei einem Prozess werden erarbeitete Arbeitsschritte regelmäßig und mehrfach durchlaufen, um die Funktionalität sicher feststellen zu können. Finanzielle Mittel, Personalstärken und materielle Ressourcen werden variabel eingesetzt. Ein definiertes Ziel ist hierbei nur ungenau angegeben.

Bei einem Projekt werden Arbeitsschritte nur einmal durchlaufen und anschließend als erledigter Projektschritt dem Gesamtprojekt zugeführt. Finanzielle Mittel, Personalstärken und materielle Ressourcen werden nur begrenzt eingesetzt. Das Ziel muss zu einem genau definierten Termin erreicht werden.

Bei den nachfolgenden Erläuterungen werden Sie feststellen, dass jede Menge agiler Techniken ihre Basis in den traditionellen Techniken haben. Einige davon werden Ihnen sicher bekannt vorkommen.

Nochmals der Hinweis: Wollen Sie ein Agiles Projektmanagement optimal nutzen und zielführend einsetzen, benötigen Sie einen ausgeprägten Wissensstand über die Methode eines Projektmanagements und hervorragende Kenntnisse über die agilen Prinzipien und Techniken.

****** **Diese Passage bitte vorerst nicht beachten** ******

1) b 2) c 3) a 4) a, b, c 5) b 6) c 7) a 8) b

WAS ERWARTET SIE BEIM LESEN?

Das gesamte Spektrum des Agilen Projektmanagements ist so umfangreich, dass mit dieser Ausarbeitung lediglich ein Grundlagenwissen über die Methoden und die unterschiedlichen Werkzeuge/Techniken vermittelt werden kann. Unterstützend hierzu bieten sich die verschiedenen Sach- und Lehrbücher an. Zu empfehlen ist auf jeden Fall das „Learning by Doing". Hierzu werden diverse Seminare zu den unterschiedlichsten Themen angeboten.

Einige erdachte Beispiele in dieser Ausarbeitung sollen Ihnen spielerisch ein wenig Verständnis für diese Projekt-Methode nahebringen.

Das Agile Projektmanagement wird häufig als Alternative zum traditionellen Projektmanagement betrachtet. Wie bereits erwähnt, ist diese Ansicht grundlegend verkehrt. Sie werden in dieser Ausarbeitung immer wieder Schnittpunkte zu beiden Methoden feststellen. Diese Schnittstellen sind eigentlich logisch, da jedes Projektmanagement feste Phasen durchläuft (siehe nächsten Punkt 2.2). Sie werden nach dem Lesen dieser Ausarbeitung kein perfekter agiler Projektmanager werden. Aber das Verständnis soll bei Ihnen geweckt werden, über vorhandene und bewährte Methoden des Projektmanagements nachzudenken.

Im folgenden Hand-Out können sich Begriffe und Aussagen wiederholen. Das ist der Komplexität des Projektmanagements geschuldet und soll einzelne Ausführungen noch einmal verdeutlichen.

In diesem Hand-Out sind auch einige frei erfundene und teilweise auch sehr stark übertriebene Beispiele zum Thema aufgeführt. Zur Vermeidung von Irritationen weise ich ausdrücklich darauf hin, dass die namentlich genannten Personen selbstverständlich frei erfunden sind. Jegliche Ähnlichkeit mit lebenden oder realen Personen wäre rein zufällig.

Allgemeines zum Thema Projektmanagement

WAS BEDEUTET DAS WORT "PROJEKTMANAGEMENT"

Das Wort „Projekt" stammt aus dem Lateinischen und bedeutet frei formuliert „nach vorn geworfen" oder in den heutigen Sprachschatz interpretiert „in die Zukunft gerichtet". Im geschäftlichen, wirtschaftlichen Bereich bezeichnet man mit einem Projekt eine einmalige Aufgabenstellung, die in einem festgelegten Zeitraster erledigt werden soll. Um dies zu gewährleisten und um das Ziel der Aufgabe aufgrund der Abstimmung aller Einzelschritte, der Komplexität der Arbeitsschritte, den möglicherweise auftretenden Risiken und den ungeplanten Schwierigkeiten nicht zu gefährden, benötigt man eine Führung, das Management. Daraus resultiert für die gesamte Aufgabenstellung das Wort Projektmanagement.

Die angewandten Methoden/Techniken, gleich ob traditionell oder agil, bilden dabei nur die Verfahrensschritte in der Durchführung und stehen in starker Abhängigkeit zur Komplexität des Projektes. Sie werden aber gleich beim nächsten Punkt 2.2 ein Beispiel durchspielen, bei dem eigentlich gar kein Projektmanagement angesetzt werden muss. Nähere Erläuterungen dazu folgen am Ende des Beispiels.

PHASEN EINES PROJEKTMANAGEMENTS

Bei einem Projektmanagement unterteilt man in verschiedenen Phasen:

Definition (auch: Initiierung)

Bei der Definition wird das Projekt genauestens analysiert, man setzt erreichbare Ziele in den Bereichen Zeit und Kosten und ermittelt die vorhandene Manpower bzw. Ressourcen. Um ein Projekt zu definieren müssen die Bedingungen des Projektes neu sein und mit Risiken verbunden sein. Trifft dies nicht zu, handelt es sich um „einfache" Entwicklungen.

Planung
Bei der Planung werden weitere Details des Projektes ermittelt, unter anderem wird auch die Besetzung des Teams, bestehend aus Mitarbeitern und Projektleiter festgelegt.
In dieser Phase können auch zeitdefinierte Teilbereiche beschlossen werden. Ein erstellter Kostenplan und ein Termin bilden z.B. die Grundlage des gesamten Projektes.

Entwicklung (auch: Durchführung)
Das Team ist in der Arbeit. Durch die Projektleitung wird der terminliche Ablauf überwacht, ggf. überarbeitet. Es stehen dafür verschiedenste Hilfsmittel, zum Beispiel Boards zur Verfügung.

Test, ggf. Abschluss
Das Endergebnis wird durch die Projektleitung geprüft und vorgestellt. Eine genaue Analyse des Projektes dient als Unterstützung für später folgende Projekte.

Beispiel: Phasen eines Projektmanagements – Version 1

Um Ihnen die Phasen noch deutlicher zu machen, nachfolgend ein Beispiel der einzelnen Phasen. Dieses Beispiel ist fiktiv, aber so könnte es in einem Unternehmen in der Praxis vorfallen.
Anmerkung:
Sie, als Leser dieser Ausarbeitung, werden für dieses Beispiel in die Person eines Mitarbeiters des Unternehmens versetzt.

BEISPIEL – START

Definition (auch: Initiierung)
Es nähert sich die Mittagspause. Sie befinden sich gerade auf den Weg in die Kantine. Kurz davor begegnen Sie ihrem Chef. Er begrüßt Sie und fragt, ob Sie ein paar Minuten Zeit für ihn hätten. Sie bejahen und gehen daraufhin gemeinsam in das Büro ihres Vorgesetzten. Dort angekommen, offeriert er Ihnen folgendes: „Ich habe noch einmal über die

Adressliste nachgedacht. Mir ist sie noch zu unübersichtlich. Das müssten wir noch einmal nacharbeiten."

Planung
Nach dem Mittagessen rufen Sie einen Kollegen an und fragen, ob er ein paar Minuten Zeit für Sie hätte. Da er bejaht, machen Sie sich auf den Weg in sein Büro. Dort angekommen, erklären Sie ihm folgendes:

"Ich habe vor dem Mittagessen unseren Chef getroffen. Er ist mit unserer Adressliste noch nicht ganz zufrieden. Sie ist ihm noch etwas zu unübersichtlich. Er hat mir auch aufgezeigt, wo er Verbesserungsmöglichkeiten sieht. Können wir die Liste morgen noch einmal überarbeiten?" Der Kollege willigt ein und sie vereinbaren für morgen Vormittag einen Termin.

Entwicklung (auch: Durchführung)
Sie treffen sich am nächsten Vormittag mit Ihrem Kollegen in seinem Büro, sitzen einige Zeit zusammen und entwickeln eine neue, aktualisierte Adressliste.

Abschluss
Nachdem Sie die Liste erstellt haben, rufen Sie Ihren Chef an und teilen ihm mit, dass Sie gemeinsam mit ihrem Kollegen die Adressliste überarbeitet haben. Sie würden diese Liste ihrem Chef gerne aushändigen. Da er in dringenden Gesprächen sitzt, bittet er Sie, ihm das Ganze per Mail zuzusenden. Er würde sich dann am kommenden Tag bei Ihnen melden. Am nächsten Morgen meldet sich Ihr Chef, nickt diese neue Liste ab und bedankt sich bei Ihnen für die schnelle Erledigung.

BEISPIEL – ENDE

(Dieses Beispiel werden Sie später noch einmal, mit den Techniken eines Projektmanagements, vorgestellt bekommen).

Zu diesem Beispiel kann man unterschiedlicher Meinung sein. Folgende Frage stellt sich: handelt es sich hierbei überhaupt um ein Projekt? Schließlich wird keine einzige Technik bzw. Werkzeug (Erläuterung hierzu unter dem nachfolgenden Punkt 3.6), egal ob aus dem traditionellen oder dem agilen Projektmanagement, eingesetzt. Oder? Festzuhalten ist aber: Es liegt zuerst einmal keine klare Aufgabenstellung vor, da lediglich von „könnte“ bzw. „können“ gesprochen wird. Zusätzlich fehlt auch der Hinweis auf ein Budget bzw. auf einen Endtermin. Dieser Auftrag wird intuitiv durch den Mitarbeiter abgewickelt. In der Praxis gibt es viele derart gelagerte Vorgänge, die stets mit dem Ausdruck „Projekt“ definiert werden. Insbesondere größere Aufgaben sind in vielen Unternehmen eigentlich schon automatisch ein Projekt.

Doch ein professionelles Projektmanagement zeichnet sich eben durch den Einsatz bewährter Werkzeuge/Techniken aus.

DAS TRADITIONELLE PROJEKTMANAGEMENT (WASSERFALL-METHODE)

Das traditionelle Projektmanagement-System basiert auf einem standardisierten Ablauf und soll ein Projekt unterstützend steuern. Charakteristisch dabei ist ein hoher Analyseaufwand und ein genauer Planungsablauf. Am häufigsten wird das traditionelle Projektmanagement im Baugewerbe bei Neu- oder Umbauten, bei Wartungs- und Installationsarbeiten eingesetzt. Das sind im Regelfall Projekte, bei denen der Zeitplan feststeht, dadurch die Fertigstellung von Teilschritten des Projektes feststehen und die Kosten nicht nur für den Gesamtauftrag, sondern auch für die Teilschritte feststehen.

Da aber am Beginn eines Projektes kaum Änderungen oder neue Wünsche vorhergesagt werden können, kann das Endergebnis des Projektes durchaus auf Unzufriedenheit beim Kunden stoßen. Alternative Bezeichnungen für das traditionelle Projektmanagement sind:

- Klassisches Projektmanagement
- Wasserfall-Methode

Vor- und Nachteile traditionelles Projektmanagement

Vorteile

- Standardisierter Ablauf
- Genaue Vorgabe des Ablaufplans
- Im Vorfeld festgelegter Endtermin
- Feste Zuordnung der Ressourcen
- Optimierte Auslastung der Ressourcen
- Vor Projektbeginn erfolgt die Festlegung der Kosten
- Klassische Kontrollmöglichkeiten

Nachteile

- Hoher Aufwand bei Änderungen im Projektablauf
- Großer zeitlicher Puffer, um Endtermin einzuhalten
- Nicht geeignet für unklare Projektanforderungen
- Ablaufänderungen nicht möglich, da Projektteile genau fixiert sind
- Änderungen machen ein vorzeitiges Scheitern des Projektes möglich

DAS AGILE PROJEKTMANAGEMENT

Die Bezeichnung agiles Arbeiten stammt ursprünglich aus der Softwareentwicklung, ist aber in den letzten Jahren immer mehr in anderen Bereichen ins Gespräch gebracht worden. Mittlerweile können nicht nur Software-Unternehmen agil arbeiten. Doch was bedeutet agil bzw. Agilität? Nimmt man den Duden zur Hilfe, wird uns das Wort agil wie folgt beschrieben: Von großer Beweglichkeit zeugend; regsam und wendig. Genau diese Erläuterung beschreibt das Konzept des agilen Projektmanagements äußerst passend. Der gesamte Abwicklungsprozess im agilen Projektmanagement zeugt von einer sehr hohen Beweglichkeit. Dadurch findet diese Methode immer mehr Anklang im Projektmanagement.

Dabei wird „Agil“ oder „Agilität“ mittlerweile in unzähligen Wortspielereien ins Gespräch gebracht. „Agile Methoden“, „Agiles Management“, „Agile Organisation“, „Agile Führung“ sind nur ein paar Beispiele dafür.

Doch bei näherem Betrachten stellt man fest, dass hinter diesen Worten wenig Kenntnisse über die Arbeitsweisen eines Agilen Projektmanagements bestehen. Gewinnbringend ist aber genau dieses Verständnis für die agile Arbeitsweise und seine Prozesse.

Zu beachten ist allerdings, dass im agilen Projektmanagement die Rollen, die Prozesse und die Projektpläne aus dem traditionellen Projektmanagement hinterfragt werden. Einfach ausgedrückt könnte man folgendes formulieren: Das traditionelle Projektmanagement bildet den Grundpfeiler für das agile Projektmanagement.

Die Basis eines agilen Projektmanagements begründet sich auf vier wichtige Grundgedanken.

Grundgedanke 1:
Das Agile Projektmanagement beruht darauf, dass die beteiligten Projektmitarbeiter (Stakeholder) und deren Wechselbeziehungen im Team wichtiger sind als die geplanten Prozesse. Jeder Projektteilnehmer kann und soll dabei seine Kenntnisse voll einbringen und wird im Gegensatz zum traditionellen Projektmanagement nicht im Geringsten reglementiert oder eingeschränkt. Das Wissen, die Begeisterung, die Kreativität und die Kommunikation untereinander sind dabei die treibenden Kräfte des gesamten Projektes, welches damit hochgradig flexibel und sehr dynamisch ist. Dies betrifft unter anderem die Qualität, den Umfang, die Zeit und die Kosten. Kurzfristige Änderungen sind aufgrund der Dynamik möglich.

Grundgedanke 2:
Beim Agilen Projektmanagement ist die Einbindung des Kunden als weiterer Stakeholder sehr wichtig. Dabei wird die Zusammenarbeit mit dem Kunden höher angesiedelt, als die im Vorfeld erfolgten Vertragsgespräche. Die Kraft der Vertragsverhandlungen wird vielmehr in die Umsetzung des Projektes eingebunden.

Grundgedanke 3:
Eine schriftliche Dokumentation des Projektes wird als unwichtig angesehen. Die Zeit der aufwendigen Berichterstattung wird vielmehr in die Entwicklung unterstützender Softwareprojekte investiert.

Grundgedanke 4:
Änderungen, neue Wünsche oder Erkenntnisse werden berücksichtigt. Dabei wird der ursprüngliche Plan flexibel angepasst. Endtermin und Auftragsinhalt bleiben dabei erhalten.

Leider ist in der letzten Zeit festzustellen, dass ein Agiles Projektmanagement immer mehr unter betriebswirtschaftlichen Gesichtspunkten eingesetzt wird. Es stehen dabei nicht mehr die positive Einstellung und Selbstorganisation der Projektteilnehmer im Vordergrund, sondern vielmehr regeln betriebswirtschaftliche Interessen die Aufgabenstellung. Das ist natürlich nichts anderes als eine „Mogelpackung" und wird auch mit ziemlicher Sicherheit nicht zu dem angedachten Erfolg eines agilen Projektmanagements führen.

Vermutlich beruhen diese betriebswirtschaftlichen Interessen auch auf einige Irrtümer, die im Laufe der Zeit beim Einsatz eines agilen Projektmanagements aufgebaut wurden.

Irrtum 1:
Agil ist nicht schneller als traditionell.
Mit dieser Aussage unterstreicht man den Irrglauben, dass bei Anwendung des Agilen Projektmanagements das Produkt nicht nur schnell entwickelt wird, sondern auch günstig sein muss. Sowohl bei einem traditionellen Projekt als auch bei einem agilen Projekt, stehen die Prozesskosten und der Endtermin allerdings im Vorfeld fest. Das agile überzeugt aber bei Änderungen innerhalb der Projekt-Aufgaben mit seiner Flexibilität. Typische Änderungen innerhalb des Projektes, die eine schnelle Reaktion verlangen, könnten z.B. folgende sein:

➢ Eine bestimmte Anforderung erscheint dem Kunden mittlerweile nicht mehr ganz so wichtig.

➢ Dem Kunden sind neue Anforderungen an das Produkt bewusst geworden.

Zusätzlich wird im agilen Projektmanagement, besser gesagt in einem seiner Werkzeuge, häufiger die Bezeichnung „Sprint" genutzt. Diese

Bezeichnung stammt aus der Scrum-Technik (wird noch im Folgenden näher beschrieben), bedeutet aber nicht „Schnell“, sondern „Teilschritt“.

Irrtum 2:
Agil ersetzt traditionell.
Dieses Thema ist bereits erwähnt worden. Agiles Projektmanagement kann kein Ersatz für das Traditionelle Projektmanagement sein. Es baut schließlich auf den traditionellen Grundlagen auf. Daher ist es auch nicht ungewöhnlich, dass sich beide Projektmethoden, gewollt oder ungewollt, vermischen.

Irrtum 3:
Agil ist ganz neu.
Auch dies ist ein Irrtum! Das Zusammenwirken vieler neuer Erkenntnisse aus den vergangenen Jahren, insbesondere aus dem Personalmanagement haben das heute genutzte Agile Projektmanagement geformt. Einige Techniken sind auch heute noch immer Bestandteile des traditionellen Projektmanagements, z.B. die Daily Stand-Up Meetings.

Leider muss aber beim Agilen Projektmanagement kritisch betrachten werden, dass der Focus dieses Verfahrens, das positive Bild des Menschen und die motivierende Zusammenarbeit, oft nicht gelebt wird. In der Praxis plant man zwar mit agilen Werten, umgesetzt wird es aber nicht. Es wird leider immer häufiger klassisch geführt. Vermutlich liegt es daran, dass immer mehr betriebswirtschaftliche Gründe in den Vordergrund treten. Somit wird das agile Verfahren schleichend zu einer Mogelpackung, versehen mit Stress und Termindruck. Also genau das Gegenteil des ursprünglichen Gedankens.

Agilität - eine Chance?

Ein wichtiger Aspekt für Unternehmen, sich erfolgreich am Markt zu positionieren, ist die Kunst, sich den wechselnden Anforderungen am Markt schnell und erfolgreich anzupassen. Agilität ist genau der Schritt, sich diesen Veränderungen zu stellen und damit Wettbewerbsvorteile zu erzielen.

Damit dieser Erfolg eintreten kann, benötigt man aber im Unternehmen neben einer Grunddynamik, die bereit ist, veränderte Denkweisen zu akzeptieren, auch eine unternehmerische Stabilität. Diese findet man in der Regel in der Firmenphilosophie, einer Unternehmensvision oder gewachsene Unternehmenswerte. Genau an diesen Merkmalen kann jedoch der positive Ansatz des agilen Arbeitens scheitern. Hierarchische Führungsebenen und Mitarbeiterstrukturen, eingefahrene Prozesse und Arbeitsabläufe, verstaubte Dienstvorschriften müssen aufgebrochen werden, um die angedachte Dynamik des agilen Arbeitens möglich zu machen.

Kurzerklärung des Agilen Projektmanagements

Als Agiles Projektmanagement wird ein Prozess beschrieben, bei dem Projektteilnehmer oder Projektteams in kurzen Projektschritten tätig sind, sehr flexibel auf Veränderungen reagieren können und durch einen regelmäßigen Gedanken- und Erfahrungsaustausch produktiv arbeiten können.

Die Vorgehensweise beim Agilen Projektmanagement lebt mit hohen Toleranzen für das Projektteam und den Bereichen Qualität, Budget, Umfang und Terminstellung. Der Kunde wird in diesem Projektmanagement sehr stark eingebunden und bestimmt dadurch den Weg zum Projektziel entscheidend mit.

Vor- und Nachteile Agiles Projektmanagement

Vorweg kann man festhalten, dass es sehr viele Vorteile bei einem agilen Arbeiten gibt. Weitaus mehr als ein paar wenige Nachteile. An erster Stelle der Vorteile steht dabei natürlich immer die Steigerung der Produktivität. Die dauerhaft agile Denkweise wird einen Prozess positiv unterstützen, der sich konzentriert mit immer neu gestellten Aufgaben dem Unternehmensziel nähert. Begleitend dazu verändert sich auch die Kultur im Unternehmen. Es entsteht eine wichtige Transparenz im Unternehmen, die Kommunikation über Abteilungsgrenzen hinweg funktioniert besser, die neue übertragende Eigenverantwortung steigert die

Identifikation der Mitarbeiter gegenüber dem Unternehmen. So wird ganz nebenbei durch den agilen Gedanken erreicht, dass Mitarbeiter sich wohler fühlen, dem Unternehmen länger oder sogar immer treu bleiben und auch zukünftige Bewerber davon überzeugt werden, bei diesem Unternehmen „einzusteigen".

Vorteile (Kurzfassung)

- Kleine Projektabläufe, dadurch überschaubar
- Neue Arbeitsschritte erfolgen erst mit Fertigstellung des Vorherigen
- Es ist möglich flexibel mehrere Ideen oder Abläufe zu testen
- Neue Erkenntnisse können umgehend eingearbeitet werden
- Entwicklung neuer kreativer Ideen
- Reaktionsschnelle Zusammenarbeit durch kleine, eigenständige Teams
- Kostenbudget nach tatsächlichem Leistungsaufwand

Nachteile (Kurzfassung)

- Methodenkenntnisse der Projektteilnehmer
- Veränderte Führungskultur
- Hoher Abstimmungsbedarf
- Nicht vorhersehbarer Termin des Projektziels

Agiles Arbeiten hat also mehr Vor- als Nachteile.
Stellt sich die Frage: Warum setzt nicht jedes Unternehmen das agile Arbeiten um?

Eine Antwort ist schnell gefunden: Weil den Führungskräften der Unternehmen suggeriert wird, dass Veränderungen aufgrund alt eingefahrener Strukturen und Denkweisen scheitern würden. Diese Einschätzung liegt allein darin begründet, dass in diesen Unternehmen

- keine klaren, zielorientierten Visionen bestehen
- Entscheidungen nach altherkömmlichem Patriarchalismus getroffen werden.

Der letzte Punkt bedeutet dabei die größte Herausforderung einer Veränderung. Anstatt des „Chefs", der ausschließlich kontrolliert und delegiert, muss dieser Vorgesetzte Transparenz zeigen, wertorientiert denken und die Selbstentscheidungen seiner Mitarbeiter fördern. Kurz gesagt: Ein „Coach" muss es sein.

UNTERSCHIED TRADITIONELLES VS. AGILES PROJEKTMANAGEMENT

Die beiden Modelle stehen nicht in direkter Konkurrenz zueinander. Im Gegenteil! Beide Begriffe, „agil" und „traditionell" sind mittlerweile auf das Projektmanagement übertragen worden. Somit stehen zwei unterschiedliche Modelle, voneinander unabhängig, für den Start eines Projektmanagements zur Verfügung. Wie bereits beschrieben, unterscheiden die beiden Modelle sich in ihrer Struktur.

Als agil bezeichnet man ein Projektmanagement, das auf einen agilen Prozess basiert und dabei agile Werte, Prinzipien und Techniken nutzt.

Als traditionell bezeichnet man ein Projektmanagement, das auf einen standardisierten Prozess aufbaut.

Den Unterschied beider Modelle kann man am besten mit einem Begriff aus dem Heizungsbereich erklären. Hierzu folgendes Beispiel:

BEISPIEL - START

Sie haben wohlmöglich in Ihrem Haus eine Heizungsanlage installiert. Diese Heizungsanlage erledigt grundsätzlich zwei Hauptfunktionen: Sie steuert und sie regelt.

Die **Steuerung** schaltet zu fest programmierten Zeiten die Heizung an und wieder aus. Nehmen wir als Beispiel die Winterregelung: Am 01.10. schaltet die Heizung sich ein, am 01.05. wieder aus.

Die **Regelung** dagegen veranlasst, dass eine gewünschte und eingestellte Raumtemperatur konstant gehalten wird. Diese konstante Raumtemperatur kann von Ihnen beliebig und jederzeit verändert werden.

Was bedeutet dies im Projektmanagement. Nachfolgend dazu ein kleines Beispiel:

BEISPIEL - ENDE

Sie benötigen für die Umsetzung eines Projektes sehr viele Informationen, mit denen Sie eine Planung optimal erstellen können. Sie wären aber auch in der Lage bei Störungen aufgrund ihres Wissenstandes die Zielrichtung des Projektes schnell zu verändern. **Sie könnten also steuern!!!**

Optimaler wäre es aber doch, dass, von den gleichen Parametern ausgehend, diese Veränderungen dynamisch, besser gesagt, agil bearbeitet würden. **Sie könnten also regeln!!!**

Umgesetzt auf das Projektmanagement, können sie mit dem traditionellen Projektmanagement **steuern** und mit dem Agilen Projektmanagement **regeln.**

Zu beachten ist aber, dass zwar im Agilen Projektmanagement Änderungen in den Anforderungen zugelassen sind, der Zeitablauf, besser gesagt, das Ziel genau terminisiert ist. Reicht der ursprünglich festgelegt Zeitplan aufgrund der Erkenntnisse und der daraus resultierenden neuen Anforderungen nicht aus, muss der Umfang der Anforderungen reduziert werden. Daraus resultierend wäre ein neuer Auftrag für ein neues Projekt notwendig. Im traditionellen Verfahren würde einfach das Ziel terminlich verschoben werden.

DAS LEBEN ZWISCHEN TRADITIONELL VS. AGIL

Den Unterschied zwischen agil und traditionell können wir im alltäglichen Leben live erleben. Das nachfolgende Beispiel hat bestimmt so oder ähnlich schon jeder einmal persönlich erlebt. Es hat zwar nicht mit einem Projektmanagement zu tun, zeigt aber Handlungsweisen, die den Unterschied sehr deutlich machen.

Der Alltag mit einem Unternehmen des Versandhandels

BEISPIEL – START

Ein großer Versandhandel hat zu Weihnachten ein besonders günstiges Angebot für einen Tischgrill veröffentlicht. Frau Kunde war davon derart begeistert, dass sie sich umgehend an ihren PC gesetzt und eine Bestellung veranlasst hat. Neben der Bestellbestätigung hat Frau Kunde auch einen verbindlichen Liefertermin erhalten. Rechtzeitig, zwei Tage vor dem Fest, am Mittwoch, sollte Frau Kunde ihren Tischgrill erhalten.

Sie besorgte umgehend und hoch erfreut die entsprechenden Zutaten und freut sich auf einen superschönen Festtag. Doch zum großen Ärger, am bestätigten Termin kam: **N I C H T S.** Frau Kunde setzte sich am nächsten Vormittag mit dem Unternehmen telefonisch in Verbindung. Der chronologische Ablauf gestaltete sich folgendermaßen:

Donnerstag vormittags: Ein Anruf von Frau Kunde geht in der Service-Hotline des Versandhandels ein. Sie beschwert sich darüber, dass das Paket nicht zum bestätigten Termin am Mittwoch eingetroffen ist.

Die Service-Mitarbeiterin dort nimmt das Telefonat an und notiert die Reklamation von Frau Kunde auf einer Liefer-Reklamationskarte. Diese Reklamationskarte leitet die Service-Mitarbeiterin online an den Warenausgang weiter.

Der Mitarbeiter im Warenausgang prüft den Vorgang und stellt fest, dass überhaupt kein Auftrag vorliegt. Er vermutet einen EDV-Fehler und leitet diesen Vorgang an den IT-Bereich weiter.

Der Mitarbeiter im IT-Bereich prüft den Vorgang und stellt fest, dass am Tag der Bestellung Wartungsarbeiten am EDV-System stattgefunden haben. An diesen Arbeiten war er selbst nicht beteiligt. Er leitet den Vorgang an den zuständigen Programmierer weiter.

Zwischenfazit 1:

Mehrere Mitarbeiter des Versandhauses hatten, zumindest kurzzeitig, diesen Vorgang schon „in den Händen", bewegt wurde aber **N I C H T S.** So kam es, wie es kommen musste.

Frau Kunde ruft am Mittwoch nachmittags ein zweites Mal in der Service-Hotline an und beschwert sich darüber, dass immer noch keine Reaktion seitens des Unternehmens erfolgt ist.

Die Service-Mitarbeiterin (natürlich eine andere Person!) erstellt ein weiteres Mal eine Reklamationskarte, erklärt aber gegenüber Frau Kunde, dass der Vorgang erst am nächsten Tag bearbeitet werden kann, da die zuständigen Mitarbeiter bereits Feierabend haben.

Der nächste Tag:
Frau Kunde wird immer erboster und ruft gleich Donnerstag vormittags erneut bei der Service-Hotline an. Auch diesmal ist eine andere Mitarbeiterin des Service-Bereiches am Telefon. Eine dritte Reklamationskarte wird angelegt.

Der zuständige Programmierer beginnt mit der Fehlersuche. Da er aber noch andere Termin-Arbeiten erledigen muss, erfolgt diese Suche nur nebenbei. Die Zeit vergeht! Am Nachmittag findet der Programmierer den Fehler. Bei den Wartungsarbeiten wurden irrtümlich Bestellungen entgegengenommen, auch Liefertermine mitgeteilt, wurden aber in eine separate Datei für offene Vorgänge weitergeleitet.

Der Programmierer korrigiert den Fehler und leitet alle Vorgänge an den Kommissionsbereich weiter.

Zwischenfazit 2:
Immer noch **N I C H T S.**

Im Kommissionsbereich gehen die Liefervorgänge ein und landen in der üblichen Stapelverarbeitung.

Frau Kunde ruft erneut, Donnerstag mittags, in der Service-Hotline an. Jetzt nicht mehr erbost, sondern richtig wütend. Sie verlangt einen kompetenten Vorgesetzten zur Klärung des Vorgangs.

Frau Kunde wird an den Hauptabteilungsleiter Versand, Herrn Dienst weitergeleitet. Herr Dienst sagt zu, den Vorgang umgehend zu klären.

Nach längerer Recherche kann Herr Dienst den Vorgang klären und weist den Versandleiter Herrn Post an, die Bestellung vorrangig zu bearbeiten. Es ist spät nachmittags und Herr Post erklärt, dass dieses Paket frühestens morgen, am Heiligabend morgens, zum Versand gebracht werden kann.

Es dürfte sich aber erledigt haben: Frau Kunde hat zwischenzeitlich den Auftrag storniert.

Dieses Beispiel mag sehr übertrieben dargestellt sein, zeigt aber, wie in den unternehmerischen Arbeitsschritten ein Vorgang abgearbeitet wird. Eigentlich haben alle Mitarbeiter nur das gemacht, was in ihrem täglichen Arbeitsauftrag auch gefordert wurde. Alles Kriterien, die man auch in einem traditionellen Projektmanagement wiedertrifft.

Wie hätte es aber agil laufen können?

Die Mitarbeiterin in der Service-Hotline hätte neben der Information an den Warenausgang auch den IT-Bereich informieren können. Es hätte ja davon ausgehen können, dass ein Fehler nur in diesen beiden Bereichen entstanden sein konnte. Sie hätte gleichzeitig beide Bereiche bitten müssen, kurzfristig eine Info über die umgesetzten Maßnahmen zurückzugeben. Die Mitarbeiterin der Service-Hotline hätte sich bei Frau Kunde zurückmelden müssen und den Stand der Nachforschung übermitteln können.

Der Versandleiter hätte die Möglichkeit einer Ersatzlieferung, losgelöst der Prüfungen des Hauptvorgangs, veranlassen können.

Die Service-Hotline hätte Frau Kunde über die Ersatzlieferung informieren können und bestätigen müssen, dass der Tischgrill rechtzeitig vor Weihnachten eintrifft.

Der Versandleiter hätte den Versandauftrag für den Hauptauftrag abfangen können und keinen Versand veranlasst.

Fazit: Frau Kunde könnte zufrieden am Weihnachtstag das gegrillte genießen!

<u>BEISPIEL – ENDE</u>

Was zeigt uns dieses Beispiel? Viele Reaktionen, die auch in einem Agilen Projektmanagement gelebt werden: schnelle Reaktion, Zwischeninformation an den Kunden, flexibles Handeln, kurzfristige Entscheidungen treffen.

Zu allem Überfluss gibt es noch eine dritte Variante, eine Mischung aus dem traditionellen und dem Agilen Projektmanagement, das sogenannte hybride Projektmanagement.

DAS HYBRIDE PROJEKTMANAGEMENT

Das Wort „Hybrid“ ist uns heute im allgemeinen Sprachgebrauch nicht unbekannt. Unter „Hybrid“ verstehen wir etwas „vermischtes“, „gebündeltes“ oder „gekreuztes“. Am geläufigsten ist uns dieser Ausdruck aus der Automobilindustrie. Dort finden wir Kraftfahrzeuge mit einem hybriden Antrieb, einem Motor, wahlweise angetrieben mit Benzin oder Strom. Diese „Vermischung“ finden wir auch im Projektmanagement. Es gibt eine Vielzahl von Modellen, die sich weder auf den agilen noch auf den traditionellen Prozess gründen. Das führt dann dazu, dass sehr häufig ein nicht genau charakterisiertes agiles Projektmanagement automatisch zum traditionellen Projektmanagement erklärt wird. Das ist auf der einen Seite zwar falsch, aber auch wieder richtig. Betrachtet man das hybride Projektmanagement sehr genau, stellt man schnell fest, dass man sich in Verbindung mit agilen Prinzipien und Techniken größtenteils wieder in einem altbekannten Projektmanagement befindet.

Eine derart gelagerte Kombination, die Vermischung unterschiedlichster Projektmanagement-Methoden wird ebenfalls als hybrid bezeichnet. Dabei reicht es bereits völlig aus, dass einzelne Elemente der unterschiedlichen Methoden miteinander verbunden werden.

Je nach Konstellation der zusammengestellten Methoden bezeichnet man diese auch als

Bimodales Projektmanagement
Kombination von genau 2 Managementsystemen

Selektives Projektmanagement
Auswahl der geeignetsten Elemente aus verschiedenen Managementsystemen

Adaptives Projektmanagement
Sorgfältig ermittelte Elemente aus allen Managementsystemen, genauestens zugeschnitten auf das Vorgehen des Prozesses.

Multimodales Projektmanagement
Kombination von mehr als 2 Managementsystemen

Das hybride Projektmanagement wird in den meisten Projekten in einer Kombination aus traditionellen Methoden und agilen Techniken eingesetzt. Das bedeutet, es gibt drei Möglichkeiten der Kombination:

- traditionell mit agil
- traditionell mit traditionell
- agil mit agil

Die bekannteste rein agile Kombination in der Realisierung eines Projektes ist dabei Scrumban, eine Mischung aus Scrum und Kanban (näheres hierzu folgt).

Agiles Projektmanagement

Um das Agile Projektmanagement umzusetzen, stehen heute eine Vielzahl von Methoden und Techniken und Werkzeugen für den Einsatz zur Verfügung. Spielt allerdings der Faktor Zeit nicht die allererste Rolle, können durchaus klassische Elemente völlig ausreichend sein. Das gilt auch, wenn das Knowhow der Projektteilnehmer nur eingeschränkt nutzbar ist.

Ist das Projektes aber mit hoher Geschwindigkeit abzuwickeln und sind Abweichungen in Teilbereichen des Projektes einkalkuliert, ist die agile Vorgehensweise unabdinglich. Dies gilt insbesondere für die Einhaltung des Budgets. Veränderungen im Prozessablauf führen bei der klassischen Variante unweigerlich zu höheren Kosten bzw. einer längeren Laufzeit.

In der agilen Variante werden diese Störfaktoren bereits angenommen und eingeplant. Um ein Scheitern eines agilen Projektmanagements zu vermeiden, sind aber zwingend dessen Grundvoraussetzungen genauestens zu prüfen. Kurz zusammengefasst eignet sich ein agiles Projektmanagement für Projekte, die ein nicht abschließendes Bild der Anforderung zeigen, ständigen Veränderungen und den daraus resultierenden Reaktionen ausgesetzt sind, sehr komplex sind und daraus das Endprodukt noch nicht definiert werden kann oder schnelle Ergebnisse liefern sollen.

GRUNDVORAUSSETZUNG FÜR EIN TEAM IM AGILEN PROJEKTMANAGEMENTS

- Stimmen die sozialen Kompetenzen innerhalb des geplanten Teams?
- Ist das Vertrauen in die Teammitglieder vorhanden?
- Können die Teammitglieder regelmäßig, fundierte Feedbacks abgeben?

- Besitzen die teilnehmenden Bereiche ausreichend Ressourcen?
- Im Regelfall sind Vertriebs- und Marketingabteilungen zu gewissen Jahreszeiten nicht komplett ausgelastet und wären in einem klassischen Projekt besser aufgehoben.
- Stimmen die Kompetenzen im Team?

Es nützt nichts, wenn Bereiche ein fundierteres Wissen haben, andere Bereiche aber erst darauf geschult werden müssen.

GRUNDVORAUSSETZUNGEN FÜR DAS PROJEKT IM AGILEN PROJEKTMANAGEMENT

- Die Anforderungen des Kunden sind nicht detailliert?

Sollten die Anforderungen von Beginn an aber genau definiert sein, macht ein agiles Projektmanagement keinen Sinn.

- Ist bei Änderungen im Projektverlauf mit einer Kostensteigerung zu rechnen?

Wenn Änderungen im Projekt eine Kostensteigerung verursachen, wird bei einem agilen Arbeiten das Budget kaum zu halten sein.

- Ist das Endprodukt in Teilprodukte zerlegbar?

Können Zwischenschritte bzw. Teilprodukte nicht genau definiert werden, ist bei Kundenänderungen ein agiles Arbeiten nicht möglich.

- Eignen sich Teammitglieder für ein agiles arbeiten?

„Eigenbrötler", nicht teamfähige und besserwissende Teammitglieder eignen sich nicht für ein agiles Arbeiten.

- Ist das Projektteam mit der richtigen (< 9 Personen) Mannschaftsstärke ausgestattet?

Zu viele Köche verderben den Brei - so sagt es ein Sprichwort. Für ein agiles Arbeiten trifft dies ebenfalls zu. Ein agiles Arbeiten wird proportional schwieriger, wie die Teamstärke wächst.

➢ Ist der Kunde zur Mitarbeit bereit?
Sollte der Kunde lediglich den Auftrag abgeben und danach auf das Resultat warten, ist ein Agiles Projektmanagement zum Scheitern verurteilt.

➢ Besteht das Unternehmen auf eine genaue Dokumentation der Projektarbeiten?
Genaue Dokumentationen sind im Agile Projektmanagement nicht vorgesehen und führt zwangsläufig zu Reibungsverlusten.

WAS VERSTEHT MAN UNTER DEM AGILEN MANIFEST?

In neugestarteten Projekten fand das Agile Projektmanagement immer mehr Beliebtheit. Gleichzeitig erfolgte aber dessen Umsetzung in den unterschiedlichsten Varianten. Um diesen „Wildwuchs" einzudämmen, entwickelten mehrere Software-Entwickler im Jahre 2001 Leitsätze. Diese Leitsätze wurden, nennen wir es einmal, zu den Spielregeln des Agilen Projektmanagement. Sie wurden in insgesamt 12 Leitsätze / Prinzipien und 4 Werten definiert und bilden seitdem den Grundstock für ein agiles Arbeiten. Die 12 Prinzipien beziehen sich in ihrer Formulierung, wie ja auch ursprünglich aus der Praxis entstanden, auf das Gebiet der Softwareentwicklung. Heutzutage gilt dies aber auch für jedes andere Produkt.

Die 12 Prinzipien entsprechen dem Originaltext und sind entsprechend übernommen!

>> Prinzip 1:
Unsere höchste Priorität ist es, den Kunden durch frühe und kontinuierliche Auslieferung wertvoller Software / Produkte zufrieden zu stellen.

Die Idee dieses Prinzips ist, die natürliche Distanz zwischen Auftraggeber (Kunde) und Auftragnehmer (Entwickler) so gering wie möglich zu halten. Der Kunde wird in das Team integriert. Für dieses Team gilt dann das Ergebnis des Projektes als gemeinsames Ziel. Der Kunde wird, genau wie alle Mitarbeiter, die direkt an der Entwicklung beteiligt sind, regelmäßig über fertiggestellte Teilschritte informiert. Mit dieser Maßnahme wird erreicht, dass der Kunde stets das Gefühl hat, für sich das optimalste Endprodukt ausgehändigt zu bekommen. Werden Zwischenergebnisse präsentiert, ist es wichtig, dass alle Merkmale des Teilschrittes vollständig und nicht nur teilweise funktionsfähig sind. Sollten Zwischenergebnisse beim Kunden im Arbeitsablauf bereits eingesetzt werden, ist gegen eine vorzeitige Teil-Übergabe nichts einzuwenden. Es darf dabei aber nicht der Zeitplan des Projektes bis zum geplanten Termin/Ziel verändert werden.

Es ist bei diesem Prinzip aber nicht daran gedacht, dass der Kunde, durch die Einbindung in den Projektablauf, einen terminlichen Druck auf die Entwickler ausübt, um das angestrebte Ziel früher zu erreichen. Das würde zwangsläufig zu einem halbherzigen und vermutlich mit Fehler behafteten Endergebnis führen.

>> Prinzip 2:
Heiße Anforderungsänderungen selbst spät in der Entwicklung willkommen. Agile Prozesse nutzen Veränderungen zum Wettbewerbsvorteil des Kunden.

Es dürfte kaum zutreffen, dass beim Start eines Projektes die Anforderungen des Kunden zu 100 Prozent stimmen. Im Umkehrschluss bedeutet dies aber auch, dass Änderungswünsche des Kunden vorkommen werden. Das wäre auch völlig normal, da gerade der Kunde durch seine Einbindung in das Projekt lernt, neue Erkenntnisse sammeln kann und daraus neue Ideen entwickelt. Folglich sollte also damit gerechnet werden und das Team darauf vorbereitet sein. Die Änderungswünsche des Kunden müssen positiv betrachtet und nicht als Belastung des Projektes verstanden werden. Der Kunde und seine Wünsche sind real und müssen auch so betrachtet werden.

Allerdings dürfen Änderungswünsche des Kunden nicht dazu führen, dass ein Projekt ein völlig anderes Produkt / Ergebnis entwickelt. Umso wichtiger ist es, im Erstgespräch möglichst viele Informationen vom Kunden zu erhalten, die in die Erstplanung des Projektes einfließen können.

>> Prinzip 3:
Liefere funktionierende Software / Produkte regelmäßig innerhalb weniger Wochen oder Monate und bevorzuge dabei die kürzere Zeitspanne.

Im traditionellen Projektmanagement gibt es nur 3 Projektschritte: Auftrag, Entwicklung, Fertigstellung. Das Problem liegt dabei darin, dass es für den Kunden am Ende des Projektes ein „Überraschungspaket" gibt. Niemand kann am Anfang des Projektes nämlich abschätzen, was am Ende wirklich rauskommt. Das ist bekanntlich in der agilen Arbeitsweise anders. Hier lebt das Projekt von Erkenntnissen und Veränderungen. Durch die Einbindung des Kunden kann er zeitnah erkennen, inwieweit sich sein Ursprungswunsch in ein für seinen Bedarf optimiertes Produkt verändert. Die Vorstellung von Teilergebnissen fördert dies beim Kunden zusätzlich.

Es sollte aber vermieden werden, zu viele Teilergebnisse abzuliefern. Das verwirrt den Kunden nur, insbesondere, wenn für ihn Rückschritte in der Entwicklung des Produktes erkennbar sind.

>> Prinzip 4:
Fachexperten und Entwickler müssen während des Projektes täglich zusammenarbeiten.

Dies ist eigentlich noch einmal eine Ergänzung zum dritten Prinzip. Genau die Schnittstelle zwischen Kunde und Entwickler birgt die Gefahr von Fehlinterpretationen in der Entwicklung. Das geschieht sehr häufig, da am Beginn des Projektes die Gedanken des Kunden nicht mit den Ideen des Entwicklerteams zusammenpassen. Folglich könnte sich in diesen Fällen die Produktvorstellung des Kunden völlig konträr zu der Fertigstellung des Endproduktes bewegen. Dagegen wirkt eine vertrauensvolle und enge Zusammenarbeit zwischen dem Kunden und dem Entwicklerteam, die am besten mit regelmäßigen, gegenseitigen Abstimmungen in den Meetings erfolgt.

Das soll aber nicht dazu führen, dass Kunde und Entwicklerteam sich nur noch in Meetings aufhalten und

der Projektablauf zur Nebensache wird.

>> Prinzip 5:
Errichte Projekte rund um motivierte Individuen. Gib ihnen das Umfeld und die Unterstützung, die sie benötigen und vertraue darauf, dass sie die Aufgabe erledigen.

Ein agiles Arbeiten kann nur mit Mitarbeitern erfolgen, die motiviert sind, denen es gelingt, kreativ und konzentriert die Aufgabenstellung anzugehen und dabei Lösungen zu schaffen, die überzeugen und begeistern. Dabei ist das Umfeld für das Team, aber auch für den Projektablauf sehr wichtig. Das kann sehr schnell erreicht werden. Im Organisatorischen Bereich zum Beispiel mit ordentlichen Arbeitsräumen, ausgestattet mit guter Technik und einem Team, das möglichst nah zusammensitzen kann. Im Psychologischen Bereich stärkt man die Teammitglieder durch das Vertrauen, das jedem Einzelnen entgegengebracht wird und der Zusage, eigene kreative Ideen entwickeln und umsetzen zu können. Dabei gilt: Wer Freude an seiner Arbeit hat, wird auch viel leisten. Das traditionelle Denken: „Ich Chef - Du Mitarbeiter" ist im agilen Arbeiten völlig überflüssig. Damit soll aber nicht bedeuten, dass Teilergebnisse im Laufe des Projektes nicht einem Test oder einer Prüfung unterzogen werden.

>> Prinzip 6:
Die effizienteste und effektivste Methode, Informationen an und innerhalb eines Entwicklerteams zu übermitteln, ist im Gespräch von Angesicht zu Angesicht.

Entwicklungsprozesse in einem agil arbeitenden Team leben von dem Gedankenaustausch. Das beste Werkzeug hierfür ist das Teammeeting. Aber warum in festgelegten Zeitabständen treffen? Im Zuge der hochtechnisierten Zeit, könnte doch so manches auch über Kommunikationsmedien erfolgen. Dazu muss man wissen, dass es bei der verbalen Kommunikation unter Menschen zu den unterschiedlichsten Interpretationen kommen kann. Erst die Ergänzung über die non-verbale Kommunikation, z.B. der Gesichtsausdruck oder die Mimik, führen zu einem Gesamtbild der Kommunikation. Das beste Hilfsmittel, dies zu erreichen, ist ein Meeting. Verbale und non-verbale Kommunikation in Einem vereint. Besser geht es nicht!

Das soll jedoch nicht bedeuten, dass nun alle Entscheidungen, Klärungen usw. innerhalb eines Meetings geklärt werden müssen. Natürlich bleibt auch der Weg der digitalen Kommunikation (Mail, Telefon, Fax usw.). Richtungsweisende Entscheidungen innerhalb eines Projektes sollten aber in diesen Meetings festgelegt werden.

>> Prinzip 7:
Funktionierende Software / Produkte sind das wichtigste Fortschrittsmaß.

Das wichtigste für einen Auftraggeber ist es, dass ein Entwicklungsteam für ihn das bestmöglichste Produkt entwickelt. Das soll natürlich auch in einer möglichst kurzen Zeit erfolgen. Bei welchem Entwicklungsstand sich ein Projekt befindet, könnte man mit den unterschiedlichsten Kriterien nachweisen. Für den Kunden ist es jedoch wichtig, möglichst frühzeitig über den Fortschritt, das Fortschrittsmaß des Projektes informiert zu werden. Das optimalste Fortschrittsmaß ist das Teilergebnis, das in sich geschlossen funktionsfähig, dabei theoretisch auch einsetzbar ist.

>> Prinzip 8:
Agile Prozesse fördern nachhaltige Entwicklung. Die Auftraggeber, Entwickler und Benutzer sollen ein gleichmäßiges Tempo auf unbegrenzte Zeit halten können.

Unter Nachhaltigkeit versteht man nicht Kurzfristigkeit, sondern die Dauerhaftigkeit. Das bedeutet aus Kundensicht: Er hat an einem Produkt das Interesse, möglichst langlebig, produktiv und wertschöpfend damit arbeiten zu können. Dabei soll es in einer gleichbleibenden maschinellen oder persönlichen Auslastung erreicht werden. Spitzenzeiten oder Leerlauf sind unerwünscht. Aber nicht nur für den Auftraggeber ist Nachhaltigkeit wichtig. Auch für ein Projektteam gilt dies. Allerdings mit etwas anderen Vorrausetzungen. Es spielt weniger das Ergebnis, sondern vielmehr die Belastung in dem gesamten Projektablauf eine Rolle. Bei den Teammitgliedern muss vermieden werden, dass in ihren Arbeitsschritten mal wenig (Fehlzeit), dann wieder viel (Spitze) Leistung erbracht werden muss.

Ein zeitweise auf Höchstleistung ausgerichtetes Arbeiten wird dauerhaft nicht funktionieren.

Besser ist es, wenn die Entwickler ihr Arbeitsmaß und damit die Arbeitsfortschritte, nach der agilen Denkweise, selbst bestimmen und auf einem gleichbleibenden Level arbeiten können.

>> Prinzip 9:
Ständiges Augenmerk auf technische Exzellenz und gutes Design fördert Agilität.

Wie schon bereits erwähnt ist es vor dem Start eines Projektes sehr wichtig, auf die Auswahl der Teammitglieder ein hohes Augenmaß zu richten. Teamfähigkeit, Kenntnisse, Fähigkeiten, Ideenreichtum und Lernbereitschaft sind einige Kriterien, die dazu befähigen, agil zu arbeiten. Aber nicht nur vor dem Start eines Projektes muss darüber nachgedacht werden. Auch während des Projektes muss das Augenmerk auf diese Qualitäten erfolgen. Einem „Einbruch" bei den Mitarbeitern muss rechtzeitig entgegengewirkt werden. Nur so werden alle Teammitglieder bis zum Abschluss des Projektes agil arbeiten.

>> Prinzip 10:
Einfachheit – die Kunst, die Menge nicht getaner Arbeit zu maximieren – ist essenziell.

Dieses Prinzip ist mit einer Weisheit sehr gut zu erklären: „Erledige nur das, was wichtig ist. Erledige nichts, was unwichtig ist". Übersetzt bedeutet es, sich nur mit den wichtigen Dingen im Projekt zu beschäftigen und keinen Zeitaufwand für unwichtige Schritte aufzuwenden.

Im agilen Projektmanagement sollte diese „Weisheit" jeder Projektteilnehmer regelmäßig überprüfen. Damit werden Reibungsverluste im Prozess und der Zusammenarbeit des Teams vermieden.

>> Prinzip 11:
Die besten Architekturen, Anforderungen und Entwürfe entstehen durch selbstorganisierte Teams.

Die Selbstorganisation eines Projektteams bei einem agilen Projekt ist der gravierende Unterschied zu Mitarbeiterstrukturen in traditionellen Projekten. Die Teams in dem agilen Projekt schaffen zeigen ein kreatives Denken gegenüber dem Produkt, arbeiten durch ihre Selbstorganisation innovativ und stark zielorientiert. So werden bei optimaler Zusammensetzung der Teammitglieder im Regelfall bessere Ergebnisse erzielt.

Zu bemerken bleibt, dass Selbstorganisation nichts mit Regelfreiheit zu tun hat. Natürlich bestehen auch in einem agilen Team regeln. Diese sind aber gemeinsam festgelegt!

>> Prinzip 12:
In regelmäßigen Abständen reflektiert das Team, wie es effektiver werden kann und passt sein Verhalten entsprechend an.

Dieses Prinzip spricht einen wichtigen Grundsatz der agilen Denkweise an: Die immerwährende Weiterentwicklung des Teams / der Teammitglieder. Im gesamten Projektablauf analysiert das Team mögliche Fehler oder Schwachpunkte, um die Erkenntnisse daraus in den folgenden Projektschritten einzuarbeiten. Es entspricht durchaus dem Leitsatz „Learning by Doing“.

WAS VERSTEHT MAN UNTER AGILEN WERTEN?

Das Agile Projektmanagement gliedert sich in Werte, Prinzipien, Techniken und Methoden. Um zu verstehen, was hinter dem agilen Projektmanagement steht, sollte man Methoden und Techniken nicht nur unterscheiden, sondern genauestens definieren.

➢ **Agile Werte:**
Hierbei handelt es sich um das Fundament des gesamten Projektablaufs

➢ **Agile Prinzipien:**
Sie basieren auf den agilen Werten und bilden im gesamten Prozess die Grundsätze jeglicher Handlung.

➢ **Agile Techniken:**
Hierbei handelt es sich um definierte Verfahren, mit denen die agilen Prinzipien umgesetzt werden

➢ **Agile Methoden:**
Diese verbinden Werte, Prinzipien und Techniken zu einem abgeschlossenen Prozess.

WAS VERSTEHT MAN UNTER AGILEM ARBEITEN?

Sollten Sie sich bei der Umsetzung eines Projektes für die agile Variante entscheiden, bedeutet dies zwingend den Einsatz agiler Werkzeuge bzw. Techniken und agiler Methoden auf der Grundlage der 12 Manifeste und der 4 Werte. Je nach Komplexität des Projektes werden Teile aus den Werkzeugen und den Werten zu einem agilen Mindset für das Projekt zusammengefügt. Dieses Mindset muss aus Werten, persönlichen Einstellungen und Qualitäten, sowie persönlichen Verhaltensweisen bestehen. Dieses Mindset bildet den Impuls des Projektes.

Wichtig! Agile Arbeit gelingt nur durch eine positive Einstellung zum Projekt.

Die Wichtigkeit dieser These liegt in der angestrebten Begeisterung der Projektteilnehmer. Das agile Arbeiten funktioniert nur mit eingeschworenen Mitarbeitern, die andere Einstellungen und Verhaltensweisen gegenüber dem Projekt haben, als die Mitarbeiter, die in der traditionellen Weise denken und arbeiten. Wie bekommt man aber nun Mitarbeiter aus der traditionellen in die agile Denkweise? Das gelingt natürlich in erster Linie durch die Begeisterung und Einstellung der Unternehmensführung. Setzen Sie bereits im Vorfeld eines Projektes agile Werkzeuge, Methoden und Denkweisen im Unternehmen ein. Bei einer schrittweisen Anwendung können Mitarbeiter Erfahrungen sammeln und sich für diese Arbeitsweise begeistern. Das bedeutet aber auch im Umkehrschluss, dass ein anstehendes Projekt gut vorbereitet sein will. Der Nebeneffekt ist, dass agiles Arbeiten schrittweise im Alltag des Unternehmens Einzug halten kann.

Agiles Projektmanagement leben

Durch Ihre Entscheidung ein Agiles Projektmanagement ins Leben zu rufen, müssen Sie Kundenperspektiven (Persona) und Kundenanforderungen (Use Case) entwickeln, um die Ziele, Wünsche, Vorschläge und

Terminisierungen ihrer Stakeholder (Teammitglieder) festzuhalten. Sie müssen sich im Klaren sein, dass bei einem Agilen Projektmanagement eine Vielzahl von Anforderungen vorliegen wird. Ihrem Geschick überlassen bleibt es, diese Anforderungen an Releases und Sprints so zu planen, dass die Stakeholder das beste Ergebnis erzielen können. Je genauer Sie diese Aufgabe erledigen, um so einfacher wird es Ihnen fallen, Änderungen oder Anpassungen, einzupflegen. Hilfestellung dabei können Sie sich durch einige visuellen Hilfsmittel holen. Nutzen Sie für sich den Einsatz von Diagrammen, zum Beispiel Cumulative Flow. Hierbei wird für jede Stufe des Projektes die Anzahl der einzelnen Arbeitsaufträge erfasst. Sammeln sich sehr viele Arbeitsaufträge in einer Stufe sind die Stakeholder überlastet und es kann zu Störungen oder Komplikationen führen. Für die Überwachung des Budgets bietet sich das Earned Value Diagramm an. Hierbei werden erledigte Aufgaben in eine Parallelität mit den laufenden Kosten gebracht. Im Besonderen müssen Sie auf derartige Werkzeuge zugreifen, wenn Sie mit mehreren Teams gleichzeitig arbeiten. In dieser Situation kommen Sie ohne das passende Tool nicht produktiv weiter.

Beispiel: Phasen eines Projektmanagements – Version 2

BEISPIEL – START

Wie zu Anfang mitgeteilt (Beispiel aus Pkt. 2.2.1), erleben sie nun nachfolgend das gleiche Beispiel aus Sicht der Agilität. So könnte es in der Praxis aussehen.

Sie, als Leser dieser Ausarbeitung, werden für dieses Beispiel in die Person eines Teamleiters des Unternehmens versetzt.

Definition (auch: Initiierung)
Dienstag: Es nähert sich die Mittagspause. Sie befinden sich gerade auf den Weg in die Kantine. Kurz davor begegnen Sie ihrem Chef. Er begrüßt Sie und fragt, ob Sie ein paar Minuten Zeit hätten. Sie bejahen und gehen gemeinsam in das Büro ihres Vorgesetzten. Dort offeriert er Ihnen folgendes: „Das ist schön, dass Sie die Zeit so kurzfristig gefunden haben.

Sie sind ja der Teamleiter unseres laufenden Projektes. Ich habe gestern mit unserem Auftraggeber über seinen aktuellen Auftrag gesprochen. Ihm ist die erstellte Adressliste noch zu unübersichtlich. Ich habe ihn daraufhin nach seinen Wünschen und Vorstellungen gefragt. In diesem Briefing ist alles notiert." Er überreicht Ihnen das Briefing und gibt Ihnen als Termin den kommenden Freitag, 10:00 Uhr, vor.

Planung

Nach dem Gespräch mit Ihrem Chef, rufen Sie umgehend die Kollegen an, die an diesem Teilprojekt beteiligt sind und teilen Ihnen mit, dass bei dem anstehenden Teammeeting am nächsten Tag diese Änderung angesprochen werden.

Da es sich um nicht sonderlich umfangreiche Änderungen handelt, wird durch die anwesenden Teammitglieder schon gleich ein geänderter Prozess festgelegt.

Entwicklung (auch: Durchführung)

Die Teammitglieder arbeiten umgehend diese Änderungen in den laufenden Prozess ein. Am Donnerstag erhalten Sie das Ergebnis.

Abschluss

Am Freitag, 10:00 Uhr, stehen Sie pünktlich bei Ihrem Chef im Büro. Sie überreichen ihm einen Ausdruck der überarbeiteten Liste und bitten ihn, bei seinem nächsten regelmäßigen Gespräch mit dem Kunden, seine Zustimmung einzuholen.

BEISPIEL – ENDE

WAS SIND AGILE TECHNIKEN /WERKZEUGE?

Agile Techniken/Werkzeuge sind Methoden, die aus den Werten und Prinzipien des Agilen Manifests Strukturen entwickelt haben, die für jedes Projekt eingesetzt werden können. Mittlerweile werden die agilen Konzepte auch auf Projekte außerhalb der Softwareentwicklung übertragen. Sie lassen sich mittlerweile problemlos in den Alltag implementieren.

Das bekannteste Werkzeug ist ohne Frage Kanban. Hierbei handelt es sich innerhalb einer Produktion um eine veränderte Prozesssteuerung, mit dem Ziel, die gesamte Wertschöpfungskette in jeder Fertigungsstufe zu optimieren. Die Entwicklung von Kanban erfolgte in den ersten Varianten durch den japanischen Automobilhersteller Toyota. Es wurde der tatsächliche Verbrauch von Material am Bereitstellungs- bzw. Verbrauchsort ermittelt und bei Entnahme eine angepasste Neueinlagerung geregelt. Das Ziel von Kanban war, die Reduzierung der Bestände in den regionalen Fertigungsstätten zu reduzieren, die gesamte Wertschöpfungskette zu optimieren und somit die Produktivität zu steigern. Heutzutage arbeiten so alle großen Produktions-Unternehmen mit Prozesssteuerungen, die ihre Grundlage in Kanban haben.

Nachfolgend eine kleine Auswahl geläufiger Techniken. Alle werden später noch einmal am Beispiel eines erdachten Projektes aufgeführt.

Use Cases

Hiermit werden Anforderungen an das Produkt, die schlussendlich das Ergebnis des Projektes sein sollen, aus der Sicht des Kunden beschrieben. Da der Kunde später der Anwender sein wird, ist das Ziel dieser Technik, eine komplette Beschreibung der Funktionalität des Produktes in der Sprache und dem Verständnis des Kunden zu erhalten. Die Vorteile hierbei liegen im Folgenden:

Der Kunde formuliert die Anforderungsbeschreibung des Produktes mit seinen eigenen Worten und versteht auch später das Ergebnis.

Der Kunde hat damit eine klare Entscheidungspriorität für den Fall, dass einzelne Projektpunkte aus Zeit- oder Kostengründen verschoben bzw. gestrichen werden müssen.

Die Produktentwickler verstehen die Sicht, die Anforderungen und den Nutzen des Kunden besser. Missverständnisse seitens der Entwickler treten dadurch nicht auf.

Die nachfolgend aufgeführten Werkzeuge sind eng mit Use Cases verknüpft:

Anwendungsfälle: Ausführliche Beschreibung der Anforderungen seitens des Kunden.

Persona: Kundenperspektive übernehmen

User Stories

Hierbei handelt es sich um eine etwas einfachere Beschreibung, aber nicht minder wichtig, der Anforderungen von Mitarbeitern an das neue Produkt. Es soll sich durch Fragen herauskristallisieren, welche Wünsche und Anforderungen ein Mitarbeiter „X" hat, welche Wünsche „Y" vorliegen, um das Ergebnis „Z" zu erhalten. In dem Gespräch zwischen Ihnen und Herrn Dr. Auweh muss sich daraus eine Geschichte, eben die Story, entwickeln. So könnte zum Beispiel die Sprechstundenhilfe den Wunsch haben, die offenen und erledigten Termine eines Patienten einzusehen, um die Häufigkeit nicht eingehaltener Termine zu erkennen und dadurch eine andere Planung, zum Beispiel Termine am Anfang oder Ende einer Sprechstunde, vorzunehmen. Anstelle eines Mitarbeiters kann natürlich auch der Auftraggeber sich äußern.

Die Vorteile hierbei liegen im Folgenden.

Durch diese detaillierten Beschreibungen eines Ziels besteht die Möglichkeit, ein Produkt noch kundenfreundlicher zu gestalten. So könnten tabellarische Ansichten, die dem Kunden nicht geläufig waren, dazu beitragen, Produkte positiver zu gestalten, als der Kunde es vorgegeben hatte.

Die nachfolgend aufgeführten Werkzeuge sind eng mit User Stories verknüpft:

Epics: Eine Zusammenfassung miteinander verknüpfbarer User Stories.

Story Mapping: Eine systematische Darstellung der User Stories eines Produktes.

Product Backlog: Eine Sammlung der kompletten Epics und der kompletten User Stories.

Task Board

Das Task Board wird genutzt, um dem Team die aktuellen Aufgaben des Projektes aufzuzeigen. Dafür reicht bereits eine einfache Tafel, die in Kategorien aufgeteilt ist und mittels Zettel oder Kärtchen die Aufgaben der Teams und den aktuellen Stand anzeigen. Das am einfachsten ausgestattete Task Board ist in folgende Kategorien aufgeteilt:

- „Insgesamt anstehend“
- „Aktuell anstehend“
- „in Arbeit“
- „Erledigt“

Um verantwortliche Teams oder Mitarbeiter besser zu Kennzeichen, können unterschiedlich farbige Zettel oder Kärtchen genutzt werden. Die Vorteile eines Task Boards sind:

- Das Projektteam kann immer aktuell den Stand des Projektes sehen
- Das Verschieben eines Zettels / Kärtchens kann nur von einem Teammitglied vorgenommen werden, der bereit ist, dafür auch aktive Verantwortung zu übernehmen.
- Der Aufwand zur Pflege des Task Boards ist relativ klein und einfach.

Das Task-Board ist der Kommunikationspunkt. Hier trifft man die Teamkollegen, tauscht sich aus und gibt Erfahrungen weiter.

Sollten die Teams oder Mitarbeiter räumlich weit voneinander getrennt sein, empfiehlt es sich, eine IT-Lösung einzusetzen. Dabei ist aber darauf zu achten, dass die Kommunikation der Projektteilnehmer nicht zu kurz kommt, oder ganz schlimm, gar nicht mehr stattfindet.

Die nachfolgend aufgeführten Werkzeuge sind eng mit Task Board verknüpft:

Iteration (Sprint):
Der Ausdruck Iteration stammt vom lateinischen Namen „iterare“ = wiederholen ab. Mit der Iteration ist ein Arbeitsschritt gemeint, der mehrfach wiederholt zum Einsatz kommt und dabei einen Produktentwickler näher an eine Lösung oder endlich an das Ziel führen soll.

Inkrement:
Auch dieser Ausdruck hat seinen Ursprung im Lateinischen und heißt so viel wie „vergrößern". Umgesetzt auf das agile Projektmanagement bedeutet es, das ein Produkt zwar als Ganzes geplant wird, aber die Umsetzung in Teilschritten (Sprint) umgesetzt wird. Die Sprints eines Inkrements werden im Sprint Backlog angezeigt und müssen vom Entwicklungsteam im Sprint-Planning bestätigt werden. Natürlich müssen zu diesen Teilschritten auch Rückmeldungen vom Kunden eingeholt werden. Zur Freigabe eines Inkrements muss die **Definition of Done** überprüft sein.

Definition of Done (DoD): Es handelt sich um eine Aufstellung, in der alle Kriterien einer Fertigstellung des Produktes erfasst sind. Die Definition of Done ist im Regelfall eine „Wunschliste" des Product Owners, in der er Rahmenbedingungen, z.B. Qualitätsstufen, zur Fertigstellung des Produktes angibt. Diese Rahmenbedingungen müssen durch das Entwicklungsteam beachtet werden. Die Verwaltung, besser gesagt die Arbeitshoheit über die Definition of Done liegt beim Entwicklungsteam.

Daily Stand-up (oder Daily Scrum)
Projekte neigen ständig dazu, ineffektive Tätigkeiten zuzulassen. Dies ist immer wieder in den unsinnigen Besprechungen oder Meetings zu erkennen. Viel Gerede, wenig Nutzen. Kurze Besprechungen sind weitaus sinnvoller. Daraus hat sich das Werkzeug Daily Stand-Up entwickelt. Dieses tägliche (Daily) Meeting wird im Stehen (Stand-Up) abgehalten. Da niemand gerne lange steht, liegt es in der biologischen Dynamik, dass die Verweildauer bei diesen Meetings nur von kurzer Dauer ist. Das Augenmerk liegt bei dieser Art der Kommunikation in

- Kurz
- im Stehen
- informativ

Business Value

Jeder Anwendungsfall oder jedes Teilprodukt ist mit einem bestimmten Wert hinterlegt. Im agilen Projektmanagement wird dies als Business Value = Geschäftswert bezeichnet. Die Betrachtung dieses Wertes ist sehr wichtig, da in der agilen Welt alle Prozessteile variabel geführt werden. Daher sollte man zu jeder Zeit klare Erkenntnisse über die Anforderungen haben, die dem Kunden wichtig oder weniger wichtig sind. Damit treffen Sie stets die richtigen Entscheidungen innerhalb des Projektablaufes. Gemeint sind hiermit natürlich vorrangig Budget und Laufzeit.

Eine Auswahl weiterer agilen Techniken /Werkzeuge, sortiert nach Gruppierungen, sind nachfolgend mit einer kurzen Erklärung aufgeführt. Die aufgeführten Techniken / Werkzeuge können auch übergreifend in den Gruppierungen eingesetzt werden.

Weitere Techniken / Werkzeuge sind:

Burn-Down-Charts

Ein Burn-Down Chart ist ein Diagramm, grafisch dargestellt, mit einer senkrechten und einer waagerechten Achse. Auf der senkrechten Achse befinden sich die einzelnen Arbeitsschritte, auf der waagerechten Achse dazu die geplanten Arbeitszeiten. Werden nun die erledigten Arbeitsschritte innerhalb des Projektes entfernt, ändert sich auch zwangsläufig die Zeitachse. Übrig bleiben die noch zu erledigten Arbeiten mit dem aktualisiertem Einzel- und Gesamtzeitaufwand.

Es macht somit für alle Projektteilnehmer den aktuellen Arbeitstand im Projektablauf sichtbar.

Burn-Down Charts werden mittlerweile nicht nur im agilen Projektmanagement eingesetzt, sondern auch in nahezu allen Varianten eines Projektmanagements.

Timeboxing

Wir kennen ihn alle, den geflügelten Satz aus dem Arbeitsleben: "Eine Besprechung dauert immer länger, als sie geplant ist". Aber woran liegt das? Zuerst einmal beginnen Meetings selten pünktlich und meistens besteht das Problem der konstruktiven Diskussion. Oder einfach ausgedrückt: Man verquatscht sich!!! Dagegen kann man aber etwas unternehmen, z.B. mit Zeitlimits. Legen Sie die Dauer eines Meetings fest. Versehen Sie die Besprechungspunkte mit Zeitlimits. Achten Sie darauf, dass Beginn, Pausenzeiten und Ende des Meetings genau festgelegt sind und informieren Sie die Teilnehmer darüber, dass diese Termine strikt eingehalten werden. Diese Maßnahmen sind vom Grundsatz her schon Timeboxing. Jetzt noch ein einfaches Werkzeug, eine Uhr und fertig ist eine agile Methode. Mittlerweile gibt es schon im Handel spezielle Timeboxing-Uhren. Bei diesen Tischuhren wird die noch verbleibende Zeit rot angezeigt, sodass Sie immer sehen können, wieviel Zeit noch zur Verfügung steht.

Earned Value Analyse (EVA)
Hierbei handelt es sich um eine Kontrollfunktion innerhalb eines Projektmanagements für Budget und Stand des Prozesses. Es ermittelt die Plan-Zahlen sowie den Ist-Aufwand des Projektes und kann zusätzlich die unterschiedlichsten, von Ihnen eingestellte, Werte berechnen. Von Interesse sind zum Beispiel nachfolgende Fragen:

- Liegt das Projekt hinter dem Zeitplan zurück, obwohl der Stand der IST-Kosten unter dem Budget-Plan liegt?
- Ist die Arbeitszeit im Projekt optimal genutzt?
- Wie hoch werden die tatsächlichen Kosten am Ende des Projektes stehen?

Review
Sitzung, in der Kunden / Teammitglieder Statusmeldungen zu einem Teilprodukt den Entwicklungsstand abgeben.

Work in Progress (WIP)
Hierbei handelt es sich um die Sammlung aller Aufgaben, die vom Entwicklungsteam aktuell bearbeitet werden. Aus dieser Sammlung kann die Auslastung eines Projektteams betrachtet und für eine reibungslose Abarbeitung gesorgt werden.

Planning Poker
Ein Verfahren zur Einschätzung von Aufwänden (Zeit, Kosten, Manpower)

Business Value
Erzeugung eines frühzeitigen Kundennutzen

Team Velocity
Eine abstrakte Ermittlung der Arbeitsgeschwindigkeit eines Teams. Daraus Vorhersage der Teamleistung.

Agile Methoden

WAS SIND AGILE METHODEN?

Agile Methoden sind Vorgehensweisen, die aus den Werten und Prinzipien des Agilen Manifests Strukturen entwickelt haben, die für jeden Prozess eingesetzt werden können. Es handelt sich dabei um Rahmenwerke, die sich ähneln und somit immer wiederkehrende Aufgaben einheitlich lösen können.

Das von allen Methoden wohl bekannteste ist **SCRUM**, eine agile Methode zur Umsetzung von Softwareprodukten, aber auch außerhalb des Softwarebereiches einsetzbar. Scrum ist theoretisch sehr einfach aufgebaut, doch für die Umsetzung bedarf es mindestens erste Erfahrungen. Das trifft auch für alle anderen agilen Methoden zu.

Es fällt auf, dass agile Methoden schwerer im Unternehmen umzusetzen sind als agile Werkzeuge. Vermutlich liegt es daran, dass Erfolge zuerst nicht erkennbar und mit einem entsprechenden Zeitverzug erkennbar sind. Das Team innerhalb eines Agilen Prozessmanagements sollte also bereits erste Erfahrung in der Anwendung agiler Methoden haben.

AUSWAHL VON WERKZEUGEN UND METHODEN IM AGILEN PROJEKTMANAGEMENT

Eine Vielzahl von traditionellen Techniken finden Sie, etwas verfeinert, im agilen Projektmanagement wieder. Alle diese Techniken sollen die Agilität den agilen Prozess sinnvoll unterstützen. Kenner des traditionellen Projektmanagements werden daher viele dieser Techniken sofort wiedererkennen.

Die Auswahl der geeignetsten Werkzeuge und Methoden ist der schwierigste Start eines Prozesses. Sie ermitteln entweder nach Wissen und Gewissen oder nutzen auch hierfür wieder Hilfsmittel. Das bekannteste ist die Stacey-Matrix, benannt nach dem britischen Wissenschaftler

Ralph Douglas Stacey. Mit dieser Matrix können agile Methoden ausgewählt werden.

Genau genommen, handelt es sich bei dieser Matrix um einen einfachen Quader. Dieser Quader ermöglicht über 2 Dimensionen die Auswahl geeigneter agiler Werkzeuge.

Dabei zeigt die **Achse „X"** (von links nach rechts) = Kundenbedürfnisse und die Werte „klar" bis „unklar" an.

Dagegen zeigt die **Achse „Y"** (von unten nach oben) = Bekanntheit der Lösung und die Werte „klar" bis „unklar" an.

Es entsteht ein Koordinatensystem, indem 4 Bereiche definiert sind.

Bereich 1 beschreibt Methoden, deren Bedürfnisse und Lösungen bekannt sind und umgesetzt werden können.

Bereich 2 beschreibt Projekte, bei denen der überwiegend größte Teil aller Bedürfnisse und Lösungen bekannt ist.

Bereich 3 sind die Bedürfnisse und Lösungen größtenteils bekannt, allerdings sind die Anforderungen und technische Belange unklar.

Bereich 4 zeigt die Projekte und Aufgaben, zu deren Projekt-Anforderungen und technischen Belangen absolute Unklarheit besteht.

AGILE METHODEN UND WERKZEUGE/TECHNIKEN IM EINSATZ

Schon von der Titulierung ist anzunehmen, dass agile Werkzeuge und Techniken innerhalb agiler Methoden im Unternehmen eingesetzt werden. Dabei können die Werkzeuge und Techniken in den unterschiedlichsten Anwendungsgebieten eingesetzt werden. Agile Methoden und Techniken finden Sie unter anderem innerhalb der Unternehmensführung, bei Planung, Umsetzung und Entwicklung vor Produkten, im Personalbereich, der IT und allgemeinen Unternehmensorganisationen.

Es ist heutzutage bereits gängig, agile Werkzeuge einzusetzen. Erst wenn zusätzlich agile Methoden zum Einsatz kommen, erkennt der Anwender die Agilität. Einige wichtige Werkzeuge und Methoden, die bereits heute im operativen Geschäft zum Einsatz kommen, sind:

Kanban = Prozesssteuerung zur Optimierung der Wertschöpfungskette

Daily-Standup-Meeting = Ein ca. 15-minütiges Mitarbeitermeeting, indem jedes Mitglied eines Teams ein kurzes Statement zu Aufgaben, Fortschritten und Schwierigkeiten abgibt. Dieses Meeting ist der Ort, an dem kurzfristige Hilfestellung eingefordert werden kann.

Task-Boards = Ein visuelles Hilfsmittel zum Anzeigen von Aufgabenständen und Fortschritten.

Definition-of-Done = Eine Auflistung aller Kriterien, die ein Endergebnis erfüllen muss.

Definition-of-Ready = Eine Auflistung aller Kriterien, die eine Aufgabe erfüllen muss. Bevorzugte Methode, wenn ein Produkt an einen anderen Bereich übergeben werden muss.

Fokuszeit = Hierbei handelt es sich um einen Zeitraum von täglich einer Stunde, in der ein Freiraum geschaffen wird, in dem sich der Mitarbeiter konzentriert seinen Aufgaben widmet. In dieser Zeit finden keine Meetings statt, werden keine Mails bearbeitet, stehen die Telefone still und wird jeglicher Small-Talk untereinander eingestellt.

Auch in Führungsebenen finden sich heutzutage gängige agile Werkzeuge und Techniken. Das für Mitarbeiter effektivste Werkzeug ist:

Servant Leadership = Der Chef wird zum Dienstleister seines Teams. Er dient als Coach oder Mentor, setzt Maßnahmen zur Verbesserung seines Teams um und räumt Hindernisse aus dem Weg.

Scrum

KURZBESCHREIBUNG SCRUM

Bei Scrum handelt es sich um eine Rahmenstruktur (Framework) für das agile Projektmanagement. Durch dieses Framework werden die Anwender in die Situation versetzt, komplexe Aufgabenstellungen zu starten. Sie werden damit in die Situation versetzt, Produkte kreativ und produktiv zu planen, herzustellen und auszuliefern. Entwickelt und mittlerweile weit verbreitet ist Scrum in der Softwareentwicklung. Aber auch in anderen Bereichen, wie zum Beispiel in der Arbeitsorganisation, Produktentwicklung und der Personalplanung findet es mittlerweile als Methode Verwendung.

Wenn man die Grundlagen von Scrum erst einmal verstanden hat, wird man schnell erkennen, dass Scrum zwar durchaus einfach aufgebaut, aber durchaus schwierig umzusetzen ist. Innerhalb von Scrum wird mit Teams, mit Rollen, mit Erkenntnissen und mit Artefakten gearbeitet.

Die Regeln dafür sind im Scrum Guide beschrieben. Dieser Guide wurde geschrieben, da anfänglich gerade diese Regeln sehr unterschiedlich interpretiert wurden. Im Jahr 2009 setzten sich daher zwei Software-Entwickler, Ken Schwaber und Jeff Sutherland, zusammen und legten fest, was mit Scrum gemeint ist. Diese Regeln verfassten Sie im Scrum Guide. Der Scrum Guide ist kostenlos im Internet erhältlich, ist aber am Ende dieser Ausarbeitung als separate Anlage beigefügt. Er wird mittlerweile regelmäßig überarbeitet, da sich auch die Rahmenbedingungen im Projektmanagement ändern. Die letzte Änderung erfolgte im Jahr 2017.

Sämtliche Ereignisse, Artefakte und Rollen müssen bei Scrum in der Rahmenstruktur vor Einsatz konkretisiert werden. Ohne diese Zuarbeit kann Scrum nicht aktiviert werden. Durch die Nutzung von Scrum erfahren die Projektteilnehmer einen großen Spielraum in der Gestaltung des Prozessmanagements. Scrum beruht auf Erfahrung, aufeinander aufbauend mit häufigen Wiederholungen von Prozessschritten. Die Kernerfahrung bei Scrum liegt in der Tatsache, dass bei Prozessen am Anfang nicht alle Anforderungen und Lösungen zweifelsfrei feststehen. Durch Zwischenergebnisse werden fehlende oder unklare Anforderungen und Lösungen optimiert. Das bedeutet eine kontinuierliche Verfeinerung der Prozessschritte.

Innerhalb von Scrum findet sich die Theorie des Empirismus wieder. Diese Theorie gründet sich in der Erkenntnis, dass sich Wissen aus Erfahrung bildet und Entscheidungen ihren Grundstock in diesem Wissen haben. Dies sind geeignete Voraussetzungen für ein agiles Arbeiten und dem Einsatz von Scrum. Für agiles Arbeiten geeignete Mitarbeiter bringen ihr Wissen mit und sind somit in der Lage, Störungen des Projektablaufs sofort zu analysieren und die richtigen Entscheidungen zu treffen.

Begleitende Werkzeuge in einem Scrum Projekt sind **das Product Backlog**, in dem die Anforderungen und Veränderungen festgehalten und visualisiert werden. Die Planung des Projektes wird in **Sprints** und **Releases** vorgenommen. Mit Sprint werden die Entwicklungsschritte des Produktes beschrieben, die aufgrund der Reaktionsfähigkeit des Prozessablaufes möglichst klein gehalten werden sollten. Um dann jeden einzelnen Projektschritt abzuschließen, benötigt man eine Freigabe, das Release. Beide Werkzeuge werden ebenfalls visualisiert. Hierfür nutz man ein **Sprint Backlog** und ein **Release Backlog**.

ROLLEN IN SCRUM

Ein agiles Projektmanagement unterscheidet sich im Vergleich zu anderen Verfahren eines Projektmanagements durch die geringere Anzahl der beteiligten Personen, dargestellt in den Rollen. Scrum zum Beispiel kommt gerade mal mit 3 Rollen aus. Wer jetzt aber glaubt, die Arbeit eines derart aufgestellten Teams würde zu Ergebnis- und Qualitätsverlusten führen, der irrt. Genau das Gegenteil tritt ein. Die Zusammenarbeit, die flache Hierarchie, die kurzen Entscheidungswege und die Bündelung der Fähigkeiten aller Projektteilnehmer führen zu erfolgreichen Ergebnissen.

Der Product Owner

Die erste Rolle im agilen Projekt bekleidet der Product Owner (PO). Er ist im Projektteam zuständig für die Tätigkeiten im Team und die (Weiter-)Entwicklung des Produktes. Zu seinen administrativen Aufgaben gehört die stetige Verbesserung des Produktes und dessen Optimierung für den Kunden. Er hält die Verbindung zu dem, in dem Projekt integrierten, Auftraggeber und ist die entscheidende Schnittstelle für das Projektteam, dessen Arbeit er mit seinen Vorstellungen und Strategien vorantreibt. Operativ beteiligt sich der Product Owner mit der Verfeinerung der Produktanforderungen. Er passt dabei regelmäßig die aktuellen Anforderungen an das Produkt an. Administrativ ist der Product Owner zuständig für das Product Backlog.

Das Product Backlog ist, einfach ausgedrückt, eine lebendige Auftragsliste. Wobei diese Liste den aktuellen Stand der Prozessaufgaben aktuell widerspiegelt. Die Pflege diese Backlogs obliegt ausschließlich dem Product-Owner. Er ordnet Aufgaben, auch neue, die sich aus den aktualisierten Erkenntnissen entwickelt haben, den Teammitgliedern zu. Dabei muss er sicherstellen, dass das Product Backlog derart eindeutig und aktuell ist, dass für alle erkennbar ist, woran das Scrum-Team als nächstes arbeitet. Entscheidungen des Product Owners müssen in Inhalt und Reihenfolge des Product Backlogs sichtbar sein.

Der Product Owner kann Aufgaben auch eigenverantwortlich durchführen, muss sie also nicht zwingend durch das Entwicklungsteam durchführen lassen. Der Product Owner bleibt jedoch immer rechenschaftspflichtig. Das gilt sowohl für das Management des Unternehmens, wie auch dem Kunden und den Teammitgliedern gegenüber.

Damit der Product Owner erfolgreich sein kann, muss die gesamte Organisation seine Entscheidungen respektieren. Die Entscheidungen des Product Owners sind in Inhalt und Reihenfolge des Product Backlogs sichtbar.

Das Entwicklungsteam

Die zweite Rolle im agilen Projekt übernimmt das **Entwicklungsteam**. Dieses Team setzt die Anforderungen des Kunden bis zur Fertigstellung des Produktes um. Die Entwickler haben dabei eine starke Verantwortung, sollten daher aus Fachleuten zusammengesetzt werden. Sie müssen eigenverantwortlich das Projekt technisch umsetzen und dabei richtungsweisende Entscheidungen treffen. Sie sind auch für die richtige Staffelung der Einzelaufgaben verantwortlich. Dies sind alles Verpflichtungen, die in einem traditionellen Projektmanagement der Projektleiter übernehmen würde. Lediglich der Product Owner hat (nur) fachlichen Einfluss auf das Entwicklungsteam. Niemand darf das Entwicklungsteam zwingen, andere Anforderungen zu bearbeiten. Zu beachten ist, dass Entwickler nur für dieses eine Projekt arbeiten dürfen. Ein arbeiten außerhalb von Scrum würde den Ablauf des Projektes behindern.

Das Entwicklungsteam arbeitet in sogenannten Sprints. Dabei handelt es sich um Teilschritte im gesamten Projektablauf. Wichtig ist, dass erst nach Fertigstellung eines Sprints ein neuer gestartet werden darf. Ein fertiggestellter Sprint kann aber auch durchaus ein fertiges Teilprodukt erzeugen, das auch an den Kunden ausgeliefert werden kann.

Das Entwicklungsteam ist organisatorisch so aufgebaut, dass es die eigene Arbeit selbst organisiert und koordiniert. Die Teammitglieder sind nicht hierarchisch aufgestellt, alle sind gleichberechtigt und arbeiten nach ihren ausgewählten Fähigkeiten. Das führt zu synergetischen Effekten innerhalb des Teams. Rechenschaftspflichtig ist das gesamte Team.

Der Scrum Master

Die letzte und damit dritte Rolle im agilen Projekt obliegt dem **Scrum Master.** Er ist für die Weiterbildung der Projektteilnehmer zuständig und übernimmt in Problemsituationen die Beratung und den Support. Er übernimmt auch den informellen Teil des Projektes gegenüber Führungskräften innerhalb eines Unternehmens, die nicht direkt am Projekt beteiligt sind. Er sollte daher durch einen hohen Grad an Überzeugungskraft ausgestattet sein um mit seiner Informationsaufgabe gleichzeitigt das agile Arbeiten im Unternehmen zu bewerben. Genau genommen ist er ein Dienstleister gegenüber dem Team und seiner Einzelpersonen, sowie als Förderer der agilen Arbeitsweise zu verstehen.

Gegenüber dem <u>Product Owner</u> unterstützt der Scrum Master unter anderem durch:

- ➢ Sicherstellung, dass der Umfang des Projektes und die festgelegten

Ziele im Team verstanden werden

- Vermittlung eines effektiven Product Backlogs und das Verständnis für klare Einträge in diesem Hilfsmittel.
- Sicherstellung, dass Eintragungen im Product Backlog so angeordnet sind, dass sie den größten Wert für den Gesamtprozess erreichen.
- Information über die agile Denkweise und deren Umsetzung.

Gegenüber dem Entwicklungsteam unterstützt der Scrum Master unter anderem durch:

- Coaching der Teammitglieder zu einer selbstorientierten, funktionsübergreifenden Selbstorganisation
- Unterstützung bei Problemen und Beseitigung von Hindernissen.

Der Scrum Master übernimmt aber auch Aufgaben gegenüber dem Unternehmen bzw. der Organisation.

Er überzeugt durch sein Auftreten und seiner Überzeugungskraft für die agile Denkweise und deren Umsetzung.

Er übernimmt eine Schnittstellenfunktion mit anderen Scrum Mastern innerhalb der Organisation

Beim Sprint Review (siehe Schlagworte) werden die abgeschlossenen Entwicklungsschritte oder das entwickelte Teilprojekt vorgestellt, ggf. auch dem Kunden. Die Teammitglieder erfahren dabei den aktuellen Stand des Projektes und können ggf. nachsteuern.

Bei der Sprint Retrospektive (siehe Schlagworte) analysieren die Teammitglieder die Zusammenarbeit untereinander, sowie die eingesetzten Werkzeuge und Methoden. Das Ziel soll dabei sein, Hinderungsmerkmale zu erkennen, auszuschalten und gleichzeitig Verbesserungsmaßnahmen einzuleiten.

Die Größe eines Entwicklungsteams

Bei der finalen Festlegung einer Teamgröße zeigen sich normalerweise im Ergebnis eigentlich immer nur zwei Varianten:

Zu viele Teammitglieder

Zu wenige Teammitglieder

Es gibt keine „goldene" Faustregel, um die richtige Anzahl der Teammitglieder festzulegen. Man sollte allerdings die Grundregeln der Agilität der Ermittlung der Teamstärke zugrunde legen, die da sind:
Die Entwicklungsteams sollten klein genug sein, um flink zu reagieren. Die Teammitglieder sollten über das entsprechende Knowhow verfügen, um die gestellten Aufgaben professionell erledigen zu können.

Das kann durchaus bedeuten, dass zum Beispiel 3 Mitarbeiter (wenig) nicht mehr die geforderte Reaktionsgeschwindigkeit haben, ggf. vielleicht auch nicht das komplette Knowhow. Es besteht dadurch die Gefahr, dass kein positives Produkt entsteht. Anderweitig können zum Beispiel 12 Mitarbeiter den gleichen Effekt erzeugen, selbst wenn die Teammitglieder ein großes Knowhow vorweisen. Diese höhere Anzahl von Mitarbeitern muss koordiniert werden, was im Umkehrschluss bedeutet, dass die Selbstorganisation und damit die Reaktionsgeschwindigkeit leidet.

Was ist also die richtige Größe? Ein bisschen Vorarbeit ist dabei zu leisten.

Nutzen Sie eine erste, grobe Planung über das oder die Endprodukte, den Arbeitsaufwand für die Fertigstellung dieser Produkte, das vorhandene und ggf. noch zu schulende Knowhow der Teammitglieder. Binden Sie ggf. Experten in diese Vorplanung ein und stellen Sie dann ihr Projektteam zusammen. Wenn Sie dann zu Ihrem ersten Team-Meeting zusammenkommen, und gemeinsam die Aufgabenverteilung vornehmen, werden Sie feststellen, dass Sie intuitiv die passende Teamstärke ermittelt haben. Im Übrigen: Kein Teammitglied muss von Anfang an am Projekt beteiligt sein. Eine normale „Fluktuation" ist nicht unnormal. Im Gegenteil: Das ist Agilität.

WEITERE SCHLAGWORTE AUS SCRUM

Iteration (Bedeutung: Sich schrittweise, wiederholend der Lösung nähern)

Das agile Projektmanagement geht bereits vom Grundsatz davon aus, dass zur Entstehung eines Produktes/Teilproduktes mehrere Schritte oder Zyklen benötigt werden. Zum Vergleich und Unterscheidung: Im traditionellen Projektmanagement erfolgt dies in einem

Produktionsschritt. Die Teilprodukte, die in diesen Schritten oder Zyklen entstehen, können frühzeitig vorgestellt werden und können mit den Erwartungen des Kunden abgeglichen werden.

Somit wird das Prinzip 3 des Agilen Manifestes erfüllt = liefere funktionierende Software / Produkte regelmäßig innerhalb weniger Wochen oder Monate und bevorzuge dabei die kürzere Zeitspanne.

Mit jeder Iteration wird also das Gesamtprodukt vorangebracht. Das ist insbesondere wichtig, da ja am Anfang in der agilen Arbeitsweise die Anforderungen an das Endprodukt noch eingeschränkt bekannt sind.

Inkrement

Das Inkrement ist das fertige Teilprodukt, entstanden aus den Iterationen eines Sprints (siehe nachfolgend). Jedes Inkrement ist dabei in einem funktionierenden Zustand. Der Kunde könnte, wenn er es denn wollte, dieses Teilprodukt sofort verwenden.

Sprint

Hiermit bezeichnet man die Summierung der einzelnen Iterationen von dem Start bis zum Ende des Produktes. Man bezeichnet den Ausdruck Sprint auch als das Herz von Scrum. Die Zeitspanne eines Sprints sollte maximal 1 Monat betragen. Innerhalb dieser Zeitspanne sollte der Sprint abgeschlossen sein und ein neuer Sprint kann gestartet werden. Änderungen während eines laufenden Sprints sind ausgeschlossen. Sie würden das Sprint Ziel gefährden. Lediglich der Umfang einer Anforderung kann neu definiert werden. Dazu müssten aber sowohl dem Entwicklerteam, als auch dem Product Owner Erkenntnisse vorliegen, die diese Maßnahme rechtfertigt.

Dies aber nur, wenn sich neue Erkenntnisse ergeben haben, zwischen dem Product Owner und dem Entwicklungsteam **Sprint Planning**

Zu Beginn eines jeden Sprints muss dieser geplant werden. Bei dieser Planung definiert man genaustens die Anforderungen, die innerhalb des Sprints umgesetzt werden sollen. Diese Planung wird gemeinschaftlich durch das gesamte Team vorgenommen. Damit erreicht man, dass alle Teammitglieder nicht nur hinter dieser Planung stehen, vielmehr diese motiviert und zielstrebig umsetzen.

Daily Scrum

Daily Scrum ist ein täglich stattfindendes Meeting, das im Stehen, somit kurz abgehalten wird und der Koordination des Teams dient. Bei diesem Meeting geht es im Prinzip um drei Fragen:

- Wer hat seine Arbeiten am Projekt nach dem letzten Daily Scrum erledigt
- Wer arbeitet heute an welchem Projektschritt
- Wer stößt an Probleme, die den Entwicklungsprozess behindern

Sprint Review

Sprint Review ist ebenfalls ein Meeting, das am Schluss eines jeden Sprints abgehalten wird. Hierbei wird den wichtigen Stakeholdern, vorrangig dem Kunden, das entwickelte Teilprodukt vorgestellt. Des Weiteren wird der mit diesem Review der aktuelle Arbeitstand des Projektes festgestellt und es besteht dabei die Möglichkeit, das Projektziel aufgrund neuer Erkenntnisse anzupassen. Das ist auch durchaus ein gewünschter Effekt, insbesondere wenn dadurch eine zeitliche Einsparung erfolgt.

Sprint Retrospektive

Ein weiteres Meeting, welches innerhalb des Projektteams abgehalten wird. Dabei wird die Zusammenarbeit des Teams, die angewandten Techniken, die Methoden, die Werkzeuge und der Prozess im Ganzen durchleuchtet. Das angestrebte Ziel ist es, Verbesserungen im Ablauf zu erkennen und entsprechende Änderungsmaßnahmen vorzunehmen.

Wichtig sind die Termine, zu der diese Reviews abgehalten werden. Diese sind in Scrum klar vorgegeben.

- <u>Daily Scrum</u> = täglich maximal 15 Minuten
- <u>Sprint Review</u> = mit Ende des fertiggestellten Sprints
- <u>Sprint Retrospektive</u> = zwischen Sprint Review und Start des neuen Sprints, maximal 3 Stunden

Artefakte
Bei den Artefakten handelt es sich um eine Sammlung verschiedener Prozessdokumente.

Sie dienen zur Abstimmung der Teammitglieder und der Orientierung des Projektstandes. Zu den Artefakten (in dieser Ausarbeitung bereits beschrieben) gehören:

VOR- UND NACHTEILE VON SCRUM

Natürlich muss vor Einführung von Scrum zuerst einmal abgewogen werden, ob Scrum als Rahmenstruktur (Framework) für das geplante agile Prozessmanagement überhaupt geeignet ist.

Es kann durchaus sinnvoll sein, sollte der Einsatz von Scrum nicht sinnvoll sein, ohne diese Techniken im Projektmanagement zu arbeiten. Über die Vor- bzw. Nachteile sollte man sich im Vorfeld des Einsatzes von Scrum im Klaren sein.

Vorteile von Scrum

- Die Regeln sind überschaubar. Sie sind einfach gehalten, somit leicht zu verstehen und unkompliziert umzusetzen.
- Es werden schlanke Kommunikationswege genutzt
- Eine anpassungsfähige Planung lässt eine flexible Tätigkeit zu
- Die Selbstorganisation verhilft zu hoher Wirksamkeit
- Die Meetings und Backlogs verhelfen zu einer großen Durchsichtigkeit der Projektschritte
- Eine Umsetzung neuer Produkteigenschaften bzw. Inkremente erfolgt sehr schnell
- Kontinuierlicher Verbesserungsprozess
- Kurzfristige Problem-Identifikation
- Geringer Verwaltungsaufwand

Nachteile von Scrum

- Fehlender Gesamtüberblick über den Projektverlauf
- Der Gesprächs- und damit Klärungsaufwand ist sehr hoch
- Genau definierte Handlungsschritte fehlen

- „Tunnelblick-Gefahr" bei Fokussierung auf einzelne Aufgaben
- Erschwerte Projektabstimmung bei mehreren Entwicklerteams
- Fehlende Zuständigkeiten und Hierarchien in Scrum verursachen Unsicherheit
- Bestehenden Unternehmensstrukturen lassen sich nur schwer einbinden

FINDUNGSPHASE EINES SCRUM TEAMS

Soll Scrum in einem Projekt Anwendung finden, müssen Mitarbeiter des Entwicklungsteams natürlich einen entsprechenden Wissensstand haben. Mitarbeiter, für die Scrum absolutes Neuland ist, werden aber sehr schnell einen Zugang zu den Methoden und Techniken finden. Dies insbesondere dann, wenn die erfahrenen Mitarbeiter durch ihre Begeisterung überzeugen.

Aber gehen wir schrittweise in den konkreten Einsatz.

Schritt 1: Bestimmung des Wissenstandes

Im Regelfall findet sich ein Entwicklungsteam neu, besser gesagt, wird neu zusammengestellt. Daher müssen die Mitglieder des Entwicklungsteams zuerst einmal abklären, wie die zukünftige Zusammenarbeit innerhalb des Teams aussehen soll. Dazu gehört es auch seinen eigenen Platz im Team genau zu definieren. Wer sich bzw. den Kollegen/Kollegin nicht richtig einschätzen kann, wird mit ziemlicher Sicherheit das angestrebte Ziel nicht gemeinsam erreichen. Sollten im Vorfeld Probleme erkennbar werden, sind sie zu diesem Zeitpunkt noch zu beheben. Im Laufe der Projektabwicklung würde eine derartige Situation vermutlich das Scheitern des Projektes verursachen. Zur Vereinfachung dieser Teamkonstellation nennen wir diese Gruppe TEAM1.

Sollte das Team bereits zusammengearbeitet haben, ist es ratsam, vor Start des Projektes zu vereinbaren, wie Reibungen im vorherigen Projekt verbessert werden können. Verbesserungspotenzale zu erkennen, umzusetzen und daraus neue Erfahrungen zu sammeln, ist die beste Voraussetzung für agiles Arbeiten und den Einsatz von Scrum. Da die Mitglieder des Teams bereits Erfahrungen besitzen, bietet sich eine

Retrospektive des letzten Projektes an. Diese Teamkonstellation nennen wir TEAM2.

Schritt 2: Scrum lernen
Die Ausbildung eines Entwicklungsteams ist von besonders großer Wichtigkeit. Es reicht nicht den Product Owner oder den Scrum Master zu schulen. Das Entwicklungsteam muss eigentlich am intensivsten geschult werden. Wer hier spart, wird im Entwicklungsprozess Reibungsverluste erleben. Nachfolgend müssen wir wieder zwischen den Teams 1 und 2 unterscheiden.

Für Team 1 gilt es über Schulungen schnell das Verständnis für die Techniken und Werkzeuge von Scrum bzw. vom agilen Projektmanagement zu erlernen. Vor dem Start des Projektes kann natürlich nur theoretisch geschult werden. Aber es können natürlich Beispiele aus dem Alltag durchgespielt werden. Es ist ein bisschen vergleichbar mit dem Erlangen eines Kfz-Führerscheins. Theoretischer Unterricht, gepaart mit Fahrstunden. Die richtige Qualifikation zum Führen eines Kfz lernt man erst in der Zeit des praktischen Fahrens. So wird es auch mit Scrum sein. Umso mehr die Teammitglieder über die Techniken und Möglichkeiten von Scrum erfahren, umso schneller werden sie zu Spezialisten.

Ein wichtiges Augenmerk bei Schulungen ist auf das Thema Selbstorganisation zu legen. Es ist die wichtigste Funktion eines Entwicklerteams, kann allerdings nicht erlernt werden. Der Vorteil von Selbstorganisation zu Steuerungs- und Kontrollorganisation sollte aber vorgestellt werden. Der Rest ist eigentlich ein Selbstläufer. Sehr schnell werden die unerfahrenen Teammitglieder Fragen an die Kollegen stellen, um Rat fragen, Vorschläge unterbreiten und Lösungsmöglichkeiten unterbreiten. Vereinfacht gesagt: ein klassisches Learning by Doing.

Bei dem Team 2 dürfte es mit einer Nachschulung ausreichend sein.

Schritt 3: Wir starten
Das Team 1 soll mit dem Projekt starten. Aber „Vollgas" wird nicht funktionieren. Besser ist es, langsam zu starten. Dafür bietet sich ein Konzept

aus Japan an, das **Shu-Ha-Ri**. Es ist eigentlich ein Lernprozess aus japanischen Kampfkünsten, der grundsätzlich auf drei Stufen basiert. Man lernt von außen (Ri) in die Mitte (Ha) nach innen (Shu). Im Berufsleben kann man diese Dreigliederung relativ einfach erkennen. Man startet als Lehrling (Ri), wird danach Geselle (Ha) und in der Spitze wird man Meister (Shu). So sollte es auch mit unserem Team 1 starten. Aller Anfang ist zwar schwer, doch erfahrungsgemäß wird nach Erledigung von 3 Sprints die Vorgehensweise eingespielt sein. Aber zum Start macht es keinen Sinn den Unerfahrenen mit den Aufgaben eines Meisters zu betrauen. Umgekehrt wäre es Vergeudung von Erfahrung. Es liegt also an der Selbstorganisation zu Beginn eines Projektes die richtige Mitarbeiterauswahl zum richtigen Arbeitsschritt zu treffen.

Team 2 wird dieses Problem nicht haben. Trotzdem sollte auch hier zumindest auf die individuelle Kenntnis der Teammitglieder geachtet werden.

Ab dieser Stelle definieren wir nur noch ein Team, das Entwicklerteam.

Schritt 4: Das Entwicklerteam entwickelt sich

Die Entwicklung eines Teams erfolgt in vier Phasen:

➢ **Das Zusammenfinden**

Alle Positionen oder Rollen im Team müssen zuerst von den Mitarbeitern gefunden und übernommen werden.

➢ **Das Losstürmen**

Die ersten Schritte in das Projekt starten. Jeder ist voller Enthusiasmus und Tatendrang.

➢ **Die Normalität**

Nach überstandener Sturm-Phase beginnt die produktive Zusammenarbeit. Gemeinsame „Spielregeln“ werden erstellt. Es entsteht das bekannte „Wir-Gefühl“.

➢ **Die Selbstbestimmung**

Der Arbeitsrhythmus hat sich gefunden. Das Team läuft reibungslos und arbeitet selbstbestimmend.

Schritt 5: Selbstorganisation

Das Team übernimmt sehr schnell seine Selbstorganisation und legt alle anstehenden Projektschritte selbst fest. Die weiteren Personen im Projekt, der Product Owner und der Scrum Master, sind nicht befugt, in den Arbeitsprozess des Entwicklerteams einzugreifen. Beide beobachten aber den Projektfortschritt und informieren bei Notwendigkeit das Entwicklerteam. Doch nicht jedes Mitglied im Team ist von der Möglichkeit der Selbstorganisation überzeugt. Dieser, grundsätzlich positive, Ansatz kann auch schnell zur Last werden. Erfahrene Teammitglieder und auch Product Owner, sowie Scrum Master müssen hier schnell reagieren und die Unsicherheit wieder in Begeisterung umwandeln.

Unterstützend kann bei einer sinkenden Begeisterung zur Selbstorganisation ein Mentoring eingesetzt werden. Allerdings sollte nicht jeder von sich glauben, ein guter Mentor zu sein. Für diese Aufgabe sollte schon eine Methodenkompetenz vorliegen.

Ein Beispiel aus der Praxis

Dieses Beispiel bezieht sich auf ein Projekt innerhalb eines Software-Unternehmens, kann aber durchaus auf jedes andere Unternehmen umgesetzt werden.

Sie, als Leser dieser Ausarbeitung, werden für dieses Beispiel in die Person Klaus Browser versetzt.

Klaus Browser ist Inhaber eines kleinen Software-Unternehmens, das sich auf unterstützende DV-Programme in Arzt-Praxen spezialisiert hat. Er hat insgesamt 5 Mitarbeiter, alles ausgebildete IT Fachleute.

BEISPIEL – START

SCHRITT 1 = PROJEKTSTART

Sie haben heute einen neuen Kunden, Herrn Dr. med. Auweh, zu einem Gespräch eingeladen. Dr. Auweh hatte bereits im Vorfeld des Treffens Ihnen gegenüber in einem Telefonat seinen Auftrag erläutert. Er benötigt für seine Praxis ein neues Termin-/Kalenderprogramm. Da Herr Dr. Auweh sich aber noch nicht endgültig über die Projektanforderungen im Klaren ist, treffen Sie sich heute mit dem Kunden, um zu hinterfragen, was genau sich Dr. Auweh im Detail vorstellt.

SCHRITT 2 = ANFORDERUNGEN DES KUNDEN

Dieses erste Gespräch ist sehr wichtig, da hier der Grundstein für eine erfolgreiche Projektabwicklung liegt. Herr Dr. Auweh erläutert noch einmal seinen Auftrag. Im Regelfall ist dies der Zeitpunkt, an dem noch sehr undeutlich das Produkt vom Kunden dargestellt wird. Sie lassen sich aber alle Forderungen bis ins kleinste Detail beschreiben. Achten Sie darauf, dass immer hinterfragt wird, was genau dieses neue Programm aus der Sicht des Kunden und seiner Mitarbeiter erfüllen soll. Sie überlegen also gemeinsam mit Dr. Auweh, welchen Mehrwert die neue Software gegenüber dem vorhandenen Programm bietet soll und entwerfen bereits die erste Darstellung der Oberfläche der Software. Daraus entwickeln Sie, noch sehr grob, die angedachten Funktionsschritte der Software.

Herr Dr. Auweh weist darauf hin, dass er auf jeden Fall ein festgelegtes Budget und einen feststehenden Endtermin anstrebt. Dies ist ein klassischer Fall, um ein agiles Projektmanagement anzuwenden.

Beachten Sie, dass Sie bei dem ersten Gespräch mit Dr. Auweh für ihr anstehendes agiles Projekt die ersten Maßnahmen und Werkzeuge gedanklich festlegen.

SCHRITT 3 = GROBE KONZEPTION

Im Laufe des Gesprächs mit Dr. Auweh haben Sie sich eine Menge Anforderungen des Kunden notiert. Es könnten zum Beispiel folgende sein:

- Dr. Auweh möchte, losgelöst der Sprechstundenhilfe, Termine eintragen, verändern oder löschen.
- Die privaten Termine von Dr. Auweh und die Urlaubszeiten seiner Mitarbeiter sollen gespeichert werden.
- Dr. Auweh möchte eine Tages-, Wochen-, Monats- und Jahresansicht einsehen können.
- Eine Sortierung der Patienten nach Krankheitsfall soll möglich sein.

Da Sie sich in Ihrem Geschäft auskennen und aufgrund der notierten Kundenvorgaben, können Sie die Dauer des Projektes abschätzen und dem Kunden bereits einen Endtermin mitteilen. Sie vereinbaren mit dem Kunden gleichzeitig eine regelmäßige Präsentation oder ein Feedback über erledigte Teilschritte bzw. Teilprodukte (Vorschlag = 14 tägig). Herr Dr. Auweh erklärt sich im Gegenzug bereit, für kurzfristige Nachfragen zur Verfügung zu stehen.

Sehr wichtig. Der Kunde muss im agilen Projektmanagement bis zum Endtermin eingebunden sein!

SCHRITT 4 = VERFEINERTE KONZEPTION

Beachten Sie, dass mit diesem ersten Gespräch für ihr anstehendes agiles Projekt die ersten Maßnahmen und Werkzeuge gedanklich festlegen.

Aus Ihrem Gespräch mit dem Kunden könnten Sie zum Beispiel folgende agilen Techniken angewendet werden.

Use Cases,
Mit Hilfe Ihren gezielten Fragen, ermitteln Sie die Anforderungen des Auftraggebers an das Produkt, die ja schlussendlich zum Ergebnis des Projektes führen sollen.

User Stories,
Mit Hilfe Ihrer Fragen ermitteln Möglichkeiten, die Wünsche und Anforderungen ungeahnt für den Kunden verbessern.

SCHRITT 5 = PLANUNG MIT DEM TEAM

Sie wollen mit der Entwicklung des Produktes starten und rufen zuerst einmal ihr Team zusammen. Sie informieren Ihre Mitarbeiter über die Kundenanforderung und die Terminachse.
Danach legen Sie die ersten Entwicklungsschritte fest. Dabei spielen folgende Kriterien eine Rolle:
Was ist dem Kunden besonders wichtig?
Können Verknüpfungen der Anforderungen hergestellt werden?
Was sollte aufgrund von Rahmenbedingungen (kann zum Beispiel Urlaub sein) zuerst erledigt werden.
Was kann in den ersten zwei Wochen (Termin=Feedback mit dem Kunden) erledigt werden?
Daraus resultierend wird eine To-Do-Liste erstellt, die für alle sichtbar im Büro aufgehängt wird. Damit setzen Sie ein weiteres Werkzeug des agilen Prozessmanagements ein, das
Task Board.
Das Task Board ist das visuelle Hilfsmittel zum Darstellen des aktuellen Projektes. Es hilft dem Projektteam zur Selbstorganisation.

SCHRITT 6 = 1. PRODUKTENTWICKLUNG

Die Mitarbeiter des Teams nehmen Ihre Aufgaben, die gemeinsam erarbeitet wurden, auf.

SCHRITT 7 = KONTROLLE (LAUFEND)

Mit Hilfe des Task Boards sind nicht nur die Projektteilnehmer permanent auf dem laufenden Stand. Auch der Projektleiter oder das Managements des Unternehmens sind ständig informiert. Der Projektleiter muss dabei aber dringend beachten, dass der persönliche Austausch nicht zu kurz kommt. Neben der eigentlichen Kontrollfunktion des Projektleiters, muss ein anonymisierter Informationsaustausch unbedingt vermieden werden. Das würde nicht im agilen Geiste dazu führen, das Projekt zu einem guten Ende zu führen. Um dies zu vermeiden bietet sich ein tägliches Teammeeting am Task Board an. Dieses Werkzeug nennt man

Daily Stand-up, (detailliert erläutert unter Punkt 3.4)

Daily Stand-up dient zum täglichen Austausch von Information und bedarf lediglich einer kurzen Zeitspanne. Das Meeting muss aber täglich zu einer festgelegten, nicht veränderbaren Uhrzeit erfolgen.

SCHRITT 8 = FEETBACK GEGENÜBER DEM KUNDEN (LAUFEND)

Wie mit Dr. Auweh vereinbart, stellen Sie den Status des Projektes oder bereits erledigte Punkte bei einem regelmäßigen Feedback mit dem Kunden vor. Dr. Auweh kann vielleicht schon erste Schritte ausprobieren, ggf. Änderungswünsche einbringen und/oder neue Termine vorgeben. Sie nehmen alles auf und veranlassen mit Ihrem Team ein Anpassungsgespräch. Auf gar keinen Fall dürfen Sie jetzt an das Task Board gehen und Änderungen aufgrund des Kundenwunsches vornehmen. Neben der Tatsache, dass Sie mit ziemlicher Sicherheit die Projektkosten verändern würden, bringen Sie Ihr Team aus der Projektaktivität.

SCHRITT 9 = ANPASSUNG DER PLANUNG

Sie setzen sich mit Ihrem Team zusammen, stellen die Änderungswünsche von Dr. Auweh vor und ermitteln mit Ihrem Team den erhöhten Aufwand an Zeit und Kosten. Sie haben nun mehrere Möglichkeiten, mit dieser Änderung des Auftrages umzugehen. Die drei wahrscheinlichsten sind:

Sie fügen die neuen Anforderungen dem bestehenden Auftrag hinzu. Wenn Sie aber die Projektlaufzeit nicht erhöhen wollen, müssen Sie zwangsläufig eine andere Anforderung, die dem Kunden vielleicht nicht so wichtig ist, streichen.

Sie fügen die neuen Anforderungen dem bestehenden Projekt zu und erhöhen damit die Laufzeit. Sie fügen die neue Anforderung unter Erhöhung des Budgets dem Projekt zu. Sie stellen nun alle drei Möglichkeiten dem Kunden vor. Ausschließlich der Kunde entscheidet über die veränderte Planung.

Herr Dr. Auweh Ist von Anfang an in dem Projekt eingebunden. Er hat zu Beginn des Projektes gemeinsam mit Ihnen die Anforderungen genau festgelegt. Somit wird er sich über die Konsequenzen seiner Änderungswünsche, unter anderem bei Kosten und Laufzeit, im Klaren sein.

Das ist ein großer Vorteil im agilen Projektmanagement. Der Kunde ist ein Teil des Teams!

Es ist aber auch ein Vorteil für den Kunden. Durch seine Einbindung im Projekt ist er permanent über die Entwicklung des Produktes informiert. Sie liefern ihm das **Business Value.**

SCHRITT 10 = 2. PRODUKTENTWICKLUNG

Nach dem Meeting mit Dr. Auweh und den daraus resultierenden Veränderungen, ermitteln Sie mit Ihrem Projektteam die weiter Vorgehensweise. Alle bereits genutzten agilen Werkzeuge behalten ihre Gültigkeit, werden aber auf den aktuellen Stand gebracht. Zu beachten ist jetzt: Sollten Sie aus der aktualisierten Planung Erkenntnis erhalten, nicht alle Anforderungen innerhalb des ersten Zeitplans erledigen zu können, halten Sie umgehend Rücksprache mit dem Kunden, Dr. Auweh. Möglichkeiten auftretender Probleme nach der Planungsänderung könnten zum Beispiel sein:

Teilprojekte, die Dr. Auweh als nicht so wichtig ansieht, werden auszulagern und in ein neues, dem ursprünglichen Projekt ergänzendes Projekt aufgenommen und später erledigt.

Ergebnis: Der Erstauftrag wird zwar reduziert, der Zeitplan aber eingehalten. Der Folgeauftrag wird neu geplant und terminisiert. Das Gesamtbudget reduziert sich nicht.

Anforderungen, die man durchaus als „Luxus“ bezeichnen kann, werden komplett gestrichen.

Ergebnis: Das Budget des Erstauftrages reduziert sich, der Zeitplan wird eingehalten.

Hier zeigt sich ein wesentlicher Unterschied zum klassischen Projektmanagement. Beim agilen Projektmanagement reduzieren Sie die zwar die Anforderungen, halten aber trotzdem einen geplanten Termin ein und stellen den Kunden weiterhin zufrieden. Im klassischen Projektmanagement würden Sie die Anforderungen (auch Meilensteine genannt) verändern, damit aber auch den Zeitplan verschieben.

SCHRITT 11 = WEITERE PRODUKTENTWICKLUNG

Im Laufe des Gesamtprojektes stehen Sie im ständigen Austausch mit Dr. Auweh. Sie gleichen ständig die Anforderungen mit dem Kunden ab und nähern sich damit kontinuierlich dem Produkt, das der Kunde wirklich einsetzen kann. Hier zeigt sich ein weiterer Vorteil gegenüber dem klassischen Projektmanagement. Das Agile Projektmanagement beinhaltet „bewegliche" Projektanforderungen, das bedeutet, sie können jederzeit angepasst werden. Am Anfang des Projektes vielleicht noch unklar, am Ende jedoch eindeutig.

SCHRITT 12 = TEST DES PRODUKTES

Vor Übergabe an den Kunden testen Sie, gemeinsam mit Ihrem Team, das komplette Produkt.

Bei der Übergabe und der Präsentation beim Kunden muss jetzt alles funktionieren und den Kunden zufriedenstellen.

SCHRITT 13 = ÜBERGABE DES PRODUKTES

Sie haben gemeinsam mit Ihrem Team das Produkt fertiggestellt und terminisieren mit Dr. Auweh den Übergabetermin. Zu diesem Termin stellen Sie das Produkt in den Räumen des Kunden vor. Sollten jetzt wirklich, oder auch noch zukünftig, weitere Ergänzungen gewünscht werden, im Regelfall durch die Mitarbeiter des Kunden, können diese nur in einem ergänzenden Auftrag erledigt werden. Diesen Auftrag sollten Sie, analog der gespielten elf Schritte, abwickeln, aber natürlich in der agilen Variante.

BEISPIEL – ENDE

Scrum als Teil des Agilen Projektmanagements

Den Umgang mit einem agilen Projektmanagement kann man erlernen. Die nachfolgende Übung können Sie mit Mitarbeitern eines Unternehmens spielerisch erarbeiten und sie kann in jedem Besprechungs- oder Schulungsraum durchgeführt werden. Sie selbst sind in diese Schulung integriert. Das Ziel ist es, spielerisch agile Prozesse kennenzulernen und diese auch zu verstehen. Einfache Hilfsmittel ersetzen manuelle Bauaktivitäten auf einer Baustelle. Für diese Schulungsmaßnahme müssen Sie agiles Projektmanagement bereits erlernt haben.

Die Aufgabenstellung lautet:
Errichtung einer 24-Zimmer-Villa, einer angeschlossenen Garage mit 4 Stellplätzen, einem separaten Wintergarten von 60 qm Größe, einem Außenpool mit einer Länge von 25 m und einem Tennisplatz mit 2 Spielflächen.

Vorausgesetzt ist, auch erkennbar an den deutlichen Vorgaben, dass ein intensives Vorgespräch mit dem Auftraggeber stattgefunden hat.

Arbeitsmaterial:
Zur Bewältigung dieser Aufgabe wird den Mitarbeitern diverses Arbeitsmaterial ausgehändigt.

- div. Kartonkarten
- Klebeband, Klebestift
- farbige Kartonkärtchen

Zeitbedarf
Mindestens 2 Tage.

Vorgabe:

Sie (Leser) werden in diesem Beispiel sowohl in die Person des Scrum Masters als auch in die Funktion des Product Owners versetzt

BEISPIEL - START

Sie sind in diesem Beispiel bereits agil versiert und anders, als die Mitarbeiter, bereits in den Ablauf eingearbeitet. Für Schulungsmaßnahmen müssen Sie damit am Anfang in eine "Moderatoren-Funktion" schlüpfen und die ersten fünf Punkte als IST-Zustand berichten. Sie sind ja über alles informiert und geben dies quasi als Einstand des Projektes an die Mitarbeiter weiter. Ab Schritt 6 übernehmen Sie die Funktion des Scrum Masters und wirken beratend ein. Zusätzlich spielen Sie auch den Kunden, Herrn Reiche. Selbstverständlich kann es vorkommen, dass Teilnehmer der Schulung Fragen stellen. Beantworten Sie diese, achten aber darauf, dass keine langen Diskussionen entstehen.

1.

Sie wurden bereits vor einigen Tagen von Ihrem Vorgesetzten, Herrn Schlau, in sein Büro gerufen. Dort hat er Sie über folgendes informiert. Ihr Unternehmen hat einen neuen Auftrag erhalten. Herr Reiche, ein angesehener Geschäftsmann aus der Region, möchte sich und seiner Familie ein neues Domizil bauen lassen. Ihr Chef, Herr Schlau, möchte dieses Projekt mit einem agilen Projektmanagement und der Methode Scrum abwickeln. Da Sie bereits Erfahrungen mit einem agilen Projektmanagement und auch Scrum haben, ernennt Sie Herr Schlau zum Projektbeauftragten, agil ausgedrückt zum Scrum Master. Sie nehmen diese Ernennung an und machen sich umgehend an die Realisierung des Projektes.

2.

Sie melden sich am nächsten Tag telefonisch bei Herrn Reiche und bitten um ein Gespräch. In diesem Gespräch möchten Sie die Vorstellungen und Wünsche von Herrn Reiche ergründen.

3.

Das Gespräch mit Herrn Reiche findet am nächsten Tag statt. Sie lassen sich alle Vorstellungen und Wünsche von Herrn Reiche bis ins kleinste Detail erläutern. Diese Infos notieren Sie sich in einem Gesprächsprotokoll.

>> Sie nutzen die beiden ersten Techniken des Agilen Projektmanagements: Persona = Kundenperspektive und Use Care = Kundenwünsche.

4.

Sie stellen sich nunmehr aus den Mitarbeitern des Unternehmens ein mögliches Team auf dem Papier zusammen. Ihre Wahl trifft dabei auf Mitarbeiter, die bereits Erfahrung im agilen Management vorweisen können und Mitarbeiter, die Erfahrungen im Bereich Baugewerbe haben. Sie legen sich auch bereits auf den Projektleiter fest.

Ihre erste Wahl besprechen Sie noch am Nachmittag des Tages mit Ihrem Chef ab. Beim Gespräch geht es um die Einschätzung, ob sich die ausgewählten Mitarbeiter mit dem Unternehmen identifizieren können und ob sie bisher ihre Tätigkeit sehr selbstbewusst und zielorientiert erledigt haben.

5.

Sie rufen die ausgewählten Mitarbeiter am Vormittag an und bitten Sie für den Nachmittag des nächsten Tages in den Konferenzraum. Sie informieren bei diesem Meeting über das Projekt, über das Verfahren der Abwicklung, über die Zeitleiste, über das Budget und (ganz wichtig!) den Grund, warum jeder Einzelne für diese Arbeit ausgewählt wurde. Alle Mitarbeiter zeigen sich begeistert und die Start-Up Sitzung wird für die nächsten 2 Tage vereinbart. Dabei sollen alle Schritte eines Agilen Projektmanagements durchlaufen werden.

Sie haben den nächsten Schritt im agilen Projektmanagement definiert (Definition oder Initiierung). Alle Rahmenbedingungen für einen Projektstart liegen nun vor.

6.

Die Schulung beginnt (1. Tag)
Sie erwähnen mit keinem Wort den Ablauf eines Agilen Projektmanagements. Die Mitarbeiter sollen spielerisch dazulernen. Um den Meinungsaustausch innerhalb der Mitarbeiter zu fördern, bitten Sie, dass sich drei gleichstarke Gruppen bilden. Die Zusammensetzung überlassen Sie den Teilnehmern. Alle Gruppen arbeiten dann parallel.

Sie stellen sich als Projektverantwortlichen (Nicht Product Owner) vor und erläutern im Detail die Anforderung des Kunden. Sie berichten, dass dieses Projekt in vier Phasen abgewickelt werden soll. Die Phasen lauten Planung > Bauen > Review > Retrospektive.

7.

Es beginnt die erste Phase, die Planung. Die drei Gruppen erhalten den Auftrag, die vom Kunden gestellte Anforderung (24-Zimmer-Villa, Garage mit 4 Stellplätzen, separater Wintergarten, Außenpool und Tennisplatz) in einen Flächenbedarf nachzustellen und die Gebäude und Außenanlagen spielerisch darzustellen. Das Ergebnis soll Ihnen dann um 13:00 Uhr vorgestellt werden. Sie greifen in dieser Phase nicht ein, werden aber feststellen, dass die Mitarbeiter in den drei Gruppen planen, wieder verwerfen, erneut planen, sich untereinander austauschen und es einige Zeit in Anspruch nimmt, bis jede Gruppe ihr Ergebnis präsentieren kann. Diese Ergebnisse beinhalten bereits auch den Innenausbau.

Bei der Präsentation der Ergebnisse werden Sie eine weitere Erfahrung machen. Jede Gruppe hält das eigene Modell für das Beste. Aber nur eins kann umgesetzt werden. Nun beginnt das Spiel von vorne. Die drei Gruppen müssen sich auf ein Modell einigen.

Ein weiterer Schritt eines Agilen Projektmanagements. Probleme, Störungen und Änderungen müssen innerhalb des Teams geregelt werden.

Die drei Gruppen entwickeln sich in dieser Entscheidungsphase zu einem Team. Es wird noch etwas verändert bzw. korrigiert, aber am Schluss findet sich das Modell, das alle Mitarbeiter favorisieren. Dieses Modell wird Ihnen dann vorgestellt.

Die nächsten Schritte eines Agilen Projektmanagements sind eingeleitet. Der Meinungs- und Ideenaustausch untereinander findet statt. Alle Teammitglieder stehen hinter dem Projekt und entscheiden völlig gleichberechtigt.

Um das Projektmanagement zu starten, fehlt noch die Besetzung des Projektleiters, dem Product Owner.

Die Festlegung auf eine Person könnten Sie in Ihrer Funktion als Scrum Master selber vornehmen, besser wäre es aber, Sie lassen das Team darüber entscheiden. Nach einer kurzen Erläuterung zu der Funktion (auch hier nicht auf die Agilität hinweisen) des „Projektleiters" lassen Sie das Team diese Person / Funktion bestimmen.

Alternativ:
Sie können diese Planungssituation noch etwas „erschweren" indem Sie vorgeben, welche Gebäudetypen geplant werden sollen. Diese Maßnahme erhöht natürlich den Austausch in den Teams und folgend unter den Teams. Beispiel: Haupthaus mit 1 oder 2 Etagen, mit Spitz- oder Flachdach. Ebenso die Garagenform. Der Wintergarten komplett verglast, einseitig gemauert, mit Flachdach oder Spitzdach. Bei dieser Variante werden natürlich mehrere Ergebnisse präsentiert, eben für jeden Gebäudetyp eins.

8.
Jetzt soll die Übung in die nächste Phase gehen, in das Bauen.
Es kommen jetzt die bereitgestellten Arbeitsmaterialien zur Geltung, aus denen die festgelegten Gebäude gebaut werden. Wenn mehrere Gebäudetypen vorgegeben waren, werden natürlich auch mehrere gebaut. Diese Situation dient nicht nur dazu, einen ersten Eindruck auf die Ansicht des Produktes zu gewinnen. Jetzt muss auch der Auftraggeber, Herr Reiche, einbezogen werden. Die Person Herr Reiche übernehmen Sie.

Wir gehen jetzt einmal von der besten Ausgangssituation aus: Herr Reiche ist von den Entwürfen begeistert. Sowohl die Gebäudetypen als auch der Innenausbau begeistern ihn und er erteilt sein Einverständnis zur Umsetzung.

Alternativ:
Sie, in Person Herr Reiche, sind nicht begeistert. In diesem Fall muss der Product Owner die Änderungswünsche von Herrn Reiche einholen und das Procedere der Planung beginnt von vorne. Diesmal allerdings nicht mehr in drei Teams, sondern nur noch im Gesamtteam. (z.B. Maurer-, Klempner-, Elektroarbeiten usw.)
Jetzt einmal weiter mit der besten Ausgangssituation. Um die Anforderung des Kunden jetzt in die Wirklichkeit umzusetzen, plant der Product Owner, verantwortliche Mitarbeiter für bestimmte Teilfunktionen innerhalb der Bautätigkeiten (z.B. Maurer-, Klempner-, Elektroarbeiten usw.) zu bestimmen.

Eingreifen:
Jetzt müssen Sie, um die Schulung in die agile Richtung zu lenken, eingreifen. Sie übernehmen kurzzeitig wieder die Funktion des Scrum Masters und schlagen für eine bessere Übersicht der Aktivitäten vor, diese an einer Wandtafel zu signalisieren. Sie erklären kurz die Anwendung dieses Boards. Der Product Owner verteilt darauf diese farbigen Kartonkarten und die Projektteilnehmer vermerken darauf ihre Aufgaben und den aktuellen Stand. Letzteres kann nur mit „aktuell anstehend" vermerkt sein. Weiterhin vereinbaren Sie mit dem Team ein tägliches Meeting, 08:30 Uhr, mit einer maximalen Zeitspanne von 10 Minuten.

Weiterer Schritte eines agilen Projektmanagements. Task Board und Teammeeting.

9.
Die Teammitglieder machen sich an die Arbeit. Sie organisieren spielerisch die Handwerker, vereinbaren Termine und beobachten den Baufortschritt. Alle Aktivitäten werden auf dem Task Board vermerkt, besser gesagt die Kartonkarten werden aktualisiert und in Richtung Fertigstellung verschoben.

Sowohl Sie, aber vorrangig der Product Owner beobachten die Aktivitäten. Er stellt fest, dass die ersten Teammitglieder mit ihren Aktivitäten fertig oder zumindest fast fertig sind. Nun sollen die übrigen Vorgaben des Kunden umgesetzt werden (Außenpool, Tennisplatz). Diese

Aktivitäten werden den Mitarbeitern zugeteilt, die sich mit ihren Aufgaben dem Ende nähern. Auch dies wird auf dem Task Board gepflegt.

10.

Das Projekt nähert sich dem Ende. Der Product Owner möchte ein erstes Resümee ziehen. Er setzt ein Meeting an, bei dem die Teammitglieder ihren Eindruck und Gefühle ausdrücken können. Ausdrücklich möchte der Product Owner auch erfahren, ob es Verbesserungsvorschläge für zukünftige Projekte gibt.

Sie befinden sich im Review des agilen Projektmanagements.

An diesem Punkt werden Sie feststellen, dass so mancher Mitarbeiter unbewusst mit agilen Argumenten hervorsticht. Wenn dies der Fall ist, hat dieses „Spielchen“ seinen Sinn erfüllt.

11.

Kommen wir zum letzten Schritt, dem Abschluss des Projektes. Der Product Owner trifft sich mit Herrn Reiche (Sie) und übergibt ihm das Endprodukt (das mittels Pappe und Klebeband erstellte Areal). Nach der Übergabe trifft sich der Product Owner im Beisein des Scrum Masters und berichtet von der Übergabe. Er weist noch einmal auf den abgeschlossenen Prozess und dessen Einzelschritte hin, bedankt sich bei den Teammitgliedern und freut sich auf das nächste Projekt.

BEISPIEL – ENDE

Kanban

WAS BEDEUTET KANBAN

Ganz einfach gesagt ist Kanban der vereinfachte Einstieg ins agile. Es ist eine weitere, eigenständige Methode im agilen Projektmanagement, kann aber auch in Verbindung mit Scrum eingesetzt werden. Kanban legt das Augenmerk auf die Visualisierung eines Prozesses. Das Wort Kanban ist ein Kunstwort und ist aus den japanischen Worten „kann" und „ban" zusammengesetzt. Die Bedeutung ist ungefähr „Signalkarte". Kanban wurde ursprünglich in den 40er Jahren des letzten Jahrhunderts in Japan, bei der Firma Toyota für die Fertigung entwickelt. Was heute, insbesondere in der Automobilindustrie selbstverständlich und im Allgemeinen als „Just-in-time" bezeichnet wird, war zur damaligen Zeit ein Meilenstein in der Unternehmenswelt. Das erste Mal wurde die Produktion nicht auf vorher festgelegte Mengen festgelegt, sondern der Kundennachfrage angepasst.

Erreicht wurde es mit einfachen Signalkarten, die in der Produktion anzeigten, ob ein Artikel vorrätig, ausgängig oder bestellt ist. Kanban ist also einfach formuliert ein Tool zur Beschaffung von Bauteilen, etwas wissenschaftlicher erklärt ein Steuerungswerkzeug für Produktionsprozesse. Mittlerweile findet Kanban aber immer mehr Einsatz in unterschiedlichsten Unternehmensbereichen, vorrangig im Softwarebereich. Natürlich geht es im Softwarebereich nicht mehr um Produktionseinheiten. Im agilen Prozessmanagement steuert Kanban die Abwicklung der Aufgaben des Projektteams. Einfach formuliert: Erst wenn die Aufgabe abgearbeitet ist, wird eine weitere angegangen. Ein weiterer Zweck von Kanban ist das Vermeiden von Störeffekten, die zu wertmäßigen Verlusten führen könnten. Das eigentliche Ziel von Kanban ist es, einen Wertzuwachs für den Kunden zu realisieren, ohne dabei eine Budgetüberschreitung einzugehen. Um Kanban im agilen Projektmanagement visuell einzusetzen, nutzt man das Kanban-Board.

Kanban und Scrum können durchaus zusammen genutzt werden. So kann Spring Backlog das führende Board sein, Kanban dagegen als

Unterboard, z.B. für kleinere Maßnahmen innerhalb eines Hauptentwicklungsschrittes dienen.
Kanban wird in vier Grundprinzipien und sechs Praktiken unterteilt.

KANBAN PRINZIPIEN

Prinzip 1: Starte mit dem, was Du zurzeit gerade erledigst
Kanban erfordert keine besonderen Prozess-Voraussetzungen. Es kann jederzeit in ein Projektmanagement eingeführt werden und deckt sofort Schwachpunkte auf. Es kann somit unkompliziert in jedem Unternehmen angewandt werden.

Prinzip 2: Ausbleibende Steigerungen verfolgen
Mit der Kanban-Methode erreicht man Steigerungen des aktuellen Prozesses ohne großen Widerstand. Änderungen in einem Prozessverlauf lösen im Regelfall bei Teammitgliedern Unsicherheiten aus. Das vermeidet Kanban.

Prinzip 3: Aktuelle Prozesse, Rollen, Verantwortlichkeiten berücksichtigen
Alle Verantwortlichkeiten, Prozesse, Rollen und die Beibehaltung einzelner Prozessschritte lässt Kanban unberührt. Umfassende Änderungen werden generell nicht zugelassen, um Ängste zu vermeiden, die den Entwicklungsprozess aufhalten oder behindern.

Prinzip 4: Die Verantwortung zur Führung auf allen Ebenen ermutigen
Die besten Führungsqualitäten zeigen sich in den alltäglichen Verhaltensmustern der Teammitglieder. Dabei müssen alle Projektteilnehmer ständig kontinuierliche Verbesserungen an ihrem Wirken umsetzen. So erreicht ein Projektteam eine optimale Leistung.

KANBAN PRAKTIKEN

Jedes Unternehmen muss bei der praktischen Nutzung der Kanban-Methode im Vorfeld genaustens prüfen, dass bei der Einführung wichtige Praktiken erfüllt sind oder werden.

Die nachfolgend aufgeführten sechs Praktiken führen mit Sicherheit zum Erfolg.

Praktik 1: Der automatisierte Geschäftsprozess muss sichtbar gemacht werden

Will man Kanban einsetzen, muss vorausgesetzt werden, dass der aktuelle Geschäftsprozess (Workflow) genau verstanden wird. In wenigen Worten gesagt: Man muss wissen, wie entsteht aus einem Plan oder einer Anfrage ein fertiges Produkt. Erst dann kann durch Anpassung oder Veränderung ein optimiertes Produkt fertiggestellt werden

Um diesen veränderten Prozess mit Kanban sichtbar zu machen, benötigen Sie das Kanban-Board mit den dazugehörigen Spalten und den Kanban-Karten. Die Spalten auf dem Kanban Board dienen dabei für jeweils einen Schritt in dem Geschäftsprozess, als Workflow bezeichnet. Jede Kanban-Karte entspricht einem Prozessschritt. Beim Start des Prozesses befinden sich die Karten links, in der Spalte „To Do“ (Beginn) und wandern je nach Erledigungsstand nach rechts über eventuelle Zwischenspalten „In Progress“ (in Bearbeitung) bis maximal in die Spalte „Done“ (Erledigt).

Dadurch werden der aktuelle Stand und Fortschritt verfolgt und eventuelle Engpässe können entdeckt werden. Dem Letzteren muss dann entsprechend gegengesteuert werden.

Praktik 2: Die aktuelle Arbeit begrenzen

Die größten Störfaktoren im Prozess sind das ständige Umschalten zwischen verschiedenen Aufgaben, sowie ein durchgehendes Multitasking. Die laufende Arbeit muss daher so begrenzt werden, dass die Projektteilnehmer sich auf die machbaren Aufgaben gezielt konzentrieren können. In der Kanban-Literatur bezeichnet man diese Praktik als WIP (Work-in-Progress-Limits). Ohne diese WIP funktioniert kein Kanban!!!

Um zu gewährleisten, dass die laufende Arbeit sich bei den Projektteilnehmern nicht schleichend zum Problem entwickelt, begrenzt man die WIP. Eingesetzt wird dabei ein sogenanntes Pull-System. Bei diesem System wird die maximale Belastung eines Projektteilnehmers festgelegt. Somit kann nur dann mit einem neuen Arbeitsschritt begonnen werden, wenn wieder neue Kapazität zur Verfügung steht. Störungen werden rechtzeitig erkannt und können behoben werden.

Praktik 3: Workflow Management

Der Hauptgrund beim Einsatz des Kanban-Systems in einem Projektmanagement, liegt in der Implementierung einer reibungslosen Abarbeitung für die einzelnen Prozessschritte. Dadurch soll eine hohe, aber auch gleichbleibende Geschwindigkeit im Gesamtprozess erreicht werden. Resultierend daraus sollte sich eine kurzfristige Wertschöpfung des Produktes ergeben. Im Nebeneffekt sollen ungeplante Verzögerungen vermieden und dadurch entstehende Kosten minimiert, zumindest kalkulierbar werden.

Praktik 4: Prozessrichtlinien ausformulieren

Eine allgemeine Weisheit besagt, dass man nur verbessern kann, was man im Vorfeld auch versteht. Deshalb muss der Ablauf im Projektmanagement auf das Genaueste definiert und innerhalb des Teams nicht nur abgesprochen, sondern auch akzeptiert sein. Kein Mensch begeistert sich für eine Aufgabe, die er nicht nachvollziehen kann. Das ist bei den Teammitgliedern innerhalb eines Projektteams nicht anders und wird den gesamten Prozess behindern. Entscheidungen zu treffen und damit positive Veränderungen des Prozesses herbeizuführen, wird somit ausbleiben.

Praktik 5: Feedbackschleifen

Um positive Veränderungen zu erreichen und diese auch kontinuierlich in den Prozess einzubringen, benötigt man ein weiteres, allgemein bekanntes Hilfsmittel, das Teammeeting als individuellen Gedankenaustausch. Der Grundgedanke für ein derartiges Meeting resultiert aus einem Baustein der Lean-Philosophie. Bei dieser Philosophie geht es um die Optimierung innerhalb einer Organisation, in der jeder einzelne

Mensch selbst gestaltend einwirkt, unter anderem mit einer grundlegend positiven Denkweise für die Prozesse und Strukturen des Projektes. Diese Meetings bezeichnet man im Kanban-System als Feedbackschleifen. Das kann zum Beispiel das tägliche Stand-Up-Meeting für die Team-Synchronisierung sein. Vor dem Kanban-Board berichtet jedes Mitglied des Teams den anderen, was heute ansteht, Tags zuvor erledigt wurde und heute angefangen wird. Die Dauer derartiger Meetings sollte die Gesamtzeit von 15 Minuten nicht überschreiten. Bei sehr großen Teams und äußerst umfangreichen Projekten kann ein Meeting natürlich zeitlich etwas länger angesetzt werden.

Praktik 6: Die Zusammenarbeit verbessern
Nur die gemeinsame Vision, eine bessere Zukunft zu erreichen und das Verständnis, Probleme zu meistern, führen zu kontinuierlichen Verbesserungen bei den Prozessen in einem Unternehmen. Das ist erst einmal keine neue Weisheit, spiegelt aber den Grundgedanken in der Arbeit eines Projektteams wider. Teams, die sich mit den Aufgabenstellungen, mit deren Umsetzung, mit den Workflows, mit den Schwierigkeiten und Risiken, sowie dem Projektablauf im Ganzen, positiv identifizieren, entwickeln Gemeinsamkeiten, die dann zu einem positiven Erfolg im Projekt führen.

ARBEITEN MIT DEM KANBAN-BOARD

Das Arbeiten mit Kanban verändert bestehende Arbeitsweisen nicht. Es wird kein agiles Projektmanagement oder Scrum angepasst bzw. verändert. Auch alle Prozesse, Rollen, Methoden, Techniken und die Größe des Projektteams bleiben erhalten.

Wofür dann also Kanban? Das Ziel von Kanban ist der stetige Wandel zu Ablaufoptimierungen und der daraus zu erwartenden wirtschaftlichen Wertschöpfung. Doch genauso wie bei Scrum sieht Kanban den Menschen im Mittelpunkt des Prozesses, denn genau diese streben nach Verbesserungen. Ein vorhandenes System kann grundsätzlich keine Verbesserungen erreichen. Kanban-Projektteams arbeiten nach vier Prinzipien.

Kurz gesagt: Kanban ist ein weiteres, ergänzendes agiles Werkzeug innerhalb eines Projektmanagements. Mit Kanban kann man gleichzeitig den Stand der Teamarbeit sichtbar machen und ggf. gleichzeitig verbessern. Für den Start mit Kanban benötigt man keine wochenlangen Schulungen oder Seminare. Auch speziell geschulte Moderatoren sind überflüssig. Ein ganz simples Whiteboard und ein Raum für ein kurzes Meeting reichen vollkommen aus. Das Board ist in drei Spalten aufgeteilt:

- angefordert
- in Bearbeitung
- erledigt

Der jeweilige Prozess-Stand kann dabei mittels einem einfachen „Post-It", besser mit einer Karte aus festem Karton (Kanban-Karte) ersichtlich gemacht werden. Das Augenmerk wird dabei auf die Menge der zu bearbeitenden Anforderungen gelegt. Diese legt man im Vorfeld des Projektes fest und sind mengen- und zeitmäßig nicht vorgegeben. Das unterscheidet das Kanban-Board von dem bereits angesprochenen Sprint Backlog im Scrum Verfahren. Hat das Projektteam freie Zeiten, holt es sich neue Aufgaben bzw. signalisiert diese neu auf dem Board. Jedes Teammitglied kann somit sehen, welche Prozesse bearbeitet werden, welcher Mitarbeiter daran arbeitet und welche Prozesse erledigt sind.

VORAUSSETZUNGEN FÜR DEN EINSATZ VON KANBAN

Grundsätzlich ist der Einsatz von Kanban an keine Grundvoraussetzungen geknüpft. Lediglich das Projekt muss zu Kanban passen und da es ziemlich einfach aufgebaut ist, passt es eigentlich für alle Projekte. Nur ist Kanban in den meisten Fällen mit seinem Portfolio nicht ausreichend. Allerdings wird aber auch eine große Anzahl von Projekten von sehr kleinen Teams und wenigen Mitarbeitern abgewickelt, die sich nur sehr selten in Vollzeit dem Thema annehmen können. Eine hochkomplexe Methode wie Scrum wäre in diesen Fällen nicht nur ungeeignet, auch die Grundvoraussetzungen für eine Arbeit mit Scrum wären nicht erfüllt.

Kanban ist jedoch auf derartige Konstellationen bestens zugeschnitten. Kleine Arbeitsschritte bzw. Arbeitspakete, leicht überschaubar, unabhängig voneinander planbar sind die idealen Voraussetzungen für den Einsatz von Kanban.

VOR- UND NACHTEILE VON KANBAN

Kanban und Scrum sind die beiden am meisten genutzten Methoden im Projektmanagement. Kanban wird dabei von einigen Projektteilnehmern als langweilig, unflexibel und sogar primitiv angesehen. Doch das stimmt so nicht! Durch die, im Vorfeld sehr genau definierten Vorgaben, kommen bei Kanban kaum falsche Schätzungen (Zeit, Budget etc.) und damit Projektfehler vor.

Vorteile von Kanban

- Flexible Verteilung der Projektrollen
- Jederzeit Übersicht auf den Gesamtprozess
- Kontinuierliche Pflege vom Gesamtprozess

Nachteile von Kanban

- Höherer Kontrollaufwand
- Möglicherweise fehlende Mitarbeiter-Disziplin

Weitere Agile Methoden

Zusätzlich zu den bereits beschriebenen agilen Arbeitsweisen, haben sich in den letzten Jahren eine Vielzahl weiterer Methoden entwickelt. Alle sind problemlos im agilen Projektmanagement einsetzbar. Nachfolgend sind einige, inklusive einer Kurzbeschreibung aufgeführt. Diese Methoden greifen teilweise ineinander.

Design Thinking

Hierbei handelt es sich um eine Methode, die sich mit der Entwicklung neuer Ideen und Produkte beschäftigt. Diese Methode weist viele Ähnlichkeiten zum agilen Projektmanagement auf. So werden z.B. kleine Projektschritte initiiert, um schnelle Teilerfolge zu erzielen. Wichtig ist der Kontakt zum Kunden und dessen Einbindung in das Projekt. Auch bei Design Thinking liegt das Augenmerk darin, die Vorstellungen des Kunden komplett zu erfüllen.

Der wichtigste Unterschied der beiden Arbeitsweisen liegt auf dem Weg zum Endprodukt. Während im agilen Projektmanagement die Kundenwünsche schon sehr genau definiert sind und damit das Projekt startet, kann Design Thinking mit deutlich unklareren Kundenwünschen starten. Häufig weiß man am Start fast nichts über das Ergebnis.

Design Sprint

Beim Design Sprint wird es schon etwas deutlicher als beim Design Thinking. Es enthält Methoden nicht nur aus dem Design Thinking, sondern aus vielen agilen Methoden. Es sind aber die Kundenwünsche etwas klarer, sodass daraus zunächst ein Musterprodukt entwickeln werden kann. Konzipiert ist der Sprint auf einen Zeitraum von fünf Tagen (Montag – Freitag). Innerhalb dieser Zeitspanne ist genau vorgegeben, was an welchem Tag zu welcher Zeit erledigt wird.

Holokratie

Hierbei handelt es sich um ein Konzept, in dem alle Mitarbeiter des Unternehmens transparent eingebunden sind. Alte, hierarchische

Führungsstile wird man bei dieser Methode nicht finden. Die Mitarbeiter werden nicht mehr in den klassischen Rollen und Funktionen eines Gesamt-Unternehmens betrachtet. Sie werden in einer Vielzahl von überschaubaren Kreisen (Gruppen) aufgeteilt, in denen die Zuständigkeiten aber klar geregelt sind. Sollten diese Kreise (Gruppen) zu groß werden, können „Unterkreise" eingerichtet werden. Das Prinzip dabei ist, dass jeder Kreis Bestandteil eines anderen Kreises ist.

Holokratie stützt sich auf folgende Prinzipien:

- Selbstorganisation der Mitarbeiter
- Ideenfindung aus dem Wissensstand der Mitarbeiter
- Einsatz agiler Methoden
- Intelligente Entscheidungen in der Gruppe
- Übertragung von Verantwortung an alle Mitarbeiter

Lean Startup

Diese Methode dient dazu, herauszufinden, wie das aus dem Design Sprint entwickelte Musterprodukt getestet werden kann. Dabei wird, gemeinsam mit dem Kunden, ermittelt, was er nun genau wünscht. Danach wird das Produkt umgehend auf dem Markt angeboten. Sollte es dann floppen, wird es genauso schnell wieder aus dem Markt herausgenommen.

Das Lean Startup ist im Gegenteil zu den vorher erwähnten Methoden noch sehr jung. Diese Methode wurde entwickelt, um Start-Up Unternehmen mit geringem Kapital zu unterstützen. Mittlerweise wird diese Methode aber auch von etablierten Unternehmen genutzt.

Business Modell Vanvas

Bei dieser Methode haben wir bereits ein getestetes, damit fertiges Produkt und wollen es auf den Markt bringen. Dafür soll aber noch ein Business Plan erstellt und ein Geschäftsmodell konzipiert werden. Über eine gezielte Fragestellung wird dem Unternehmer der Einstieg in den Markt erleichtert.

Coaching Techniken für agile Teams

Für einen Projektleiter liegt die wichtigste Aufgabe einen Führungsstil vorzuleben, der auf Eigenverantwortlichkeit der Mitarbeiter setzt. Auch Gleichheit unter den Teammitgliedern, die Selbstorganisation und Meinungsfreiheit muss der Projektleiter unterstützen. Zusätzlich sind bewehrte Techniken hilfreich, um beispielsweise Konflikte zu beherrschen und die Kommunikation mit dem Auftraggeber optimal zu gestalten. Alle diese Techniken sind zusammengefasst in dem Überbegriff systemisch-lösungsorientiertes Coaching.

Einige interessante Techniken daraus sind:

Das lösungsorientierte Coaching.

Der Inhalt dieses Namens spiegelt bereits den Ansatz der Aktivität vor: lösungsorientiert. Es geht dabei darum, einem Mitarbeiter nicht bei der Lösung seines Problems zu helfen. Vielmehr sollen ihm mögliche Lösungsansätze aufgezeigt werden, die sein Problem beheben können. Man kann ja davon ausgehen, dass der Mitarbeiter sich mit seinem Problem bereits im Vorfeld beschäftigt hat. Der Mitarbeiter kann darin vermutlich als Fachmann bezeichnet werden. Nur nützt ihm das nicht besonders. Das lösungsorientierte Coaching soll dem Mitarbeiter dagegen möglichen Sichtweisen auf sein Problem darstellen und ihm so bei der Lösung unterstützen.

Systemisches Coaching

Das systemische Coaching zielt darauf ab, aufgabenbezogen und lösungsorientiert den Mitarbeiter in seiner ganzen Systematik zu sehen. Dazu muss man wissen, dass bei einem Mitarbeiter viele Elemente (Gedanken) in Wechselwirkung einwirken und ein scheinbar unlösbares Problem auslösen. Das systemische Coaching beeinflusst daher diese Wechselwirkungen und unterstützt dadurch die Problemlösung.

Lösungs- und systemisches Coaching können auch als gemeinsames Coaching eingesetzt werden!!!

Musterunterbrechung

Physiologisch betrachtet läuft das Denken beim Menschen in festen Mustern ab. Menschen, die sich belastend mit einem Problem beschäftigen, verfallen dann sehr schnell in eingefahrene Denkmuster. Sie drehen sich mit ihren Gedanken über das Problem quasi im Kreis. Dabei erarbeiten sie keine vernünftigen Lösungsansätze. Menschen sind in diesem Moment nicht nur mit dem eigentlichen Problem beschäftigt, sie sind auch für alle anderen anstehenden Aufgaben blockiert. Ziel des Coachings ist in diesen Fällen, die Denkweisen des Mitarbeiters und den damit entstandenen Kreislauf zu unterbrechen. Er wird aus einem problemorientierten Denkmuster zurück in ein lösungsorientiertes Denkmuster zurückversetzt. Das vorhandene Denkmuster wird somit unterbrochen. Daher die Bezeichnung „Musterunterbrechung".

Askese

Diese Coaching-Methode basiert auf der Erkenntnis, dass der Mitarbeiter nicht nur sein Problem am besten kennt, sondern auch das nötige Wissen besitzt, dieses Problem zu lösen. Lediglich, das Problem aus der richtigen Perspektive zu betrachten, erreicht der Mitarbeiter nicht. Hierbei hilft der Coach, wobei er selbst keine eigenen Aktivitäten zum Lösen des Problems unternimmt. Der Coach verzichtet dabei auf eine eigene Lösung des Problems. Askese = Verzicht.

Ressourcenfokussierung

Häufig ist die Wahrnehmung des Problems beim Mitarbeiter eingeschränkt. Das Problem wird von unzähligen Varianten beherrscht und das Problem scheint immer grösser und umfangreicher zu werden. Der Mitarbeiter ist nicht mehr handlungsfähig. Die Aufgabe des Coaches besteht jetzt darin, dem Mitarbeiter wieder seine Stärken und Fähigkeiten ins Bewusstsein zu rufen und damit das Problem wieder „verständlicher" zu machen.

Scrum mit mehreren Teams

Bisher wurde das Thema Agiles Projektmanagement aus dem Sichtfeld eines Entwicklungsteams betrachtet. So ist auch der Scrum-Guide inhaltlich auf ein Entwicklungsteam ausgerichtet. Erwähnt wurde auch schon, dass die Idealbesetzung eines Entwicklerteams neun Personen nicht überschreiten sollte. Was aber, wenn das Gesamtprojekt so groß ist, dass ein Team nicht ausreicht? Ist Scrum überhaupt geeignet, größere Aufträge abzuwickeln? Hier heißt die Antwort ganz klar: ja, es ist geeignet. Das Projekt muss in diesem Fall in Einzelprojekte aufgeteilt werden und mehrere Teams zum Einsatz kommen. Dieses Verfahren nennt sich „skalierendes Scrum" (scalae (lat.) = Leiter, Treppe, Stufe) und bedeutet die Vergrößerung des Aufgabenfeldes.

Beim Einsatz mehrerer Teams müssen aber einige Voraussetzungen eingehalten werden. Das Erreichen des Projektziels bleibt einzig, soll bedeuten, dass die Teams nicht parallel am gleichen Prozess arbeiten. Ein mögliches Sicherheitsdenken nach dem Motto, „Einer wird es schon rechtzeitig schaffen", greift hier nicht. Der Zeitfaktor des Projektes bleibt auch bestehen, das Volumen des Auftrags ebenfalls.

Es macht also Sinn, jedes einzelne Team mit Einzelschritten des Projektes zu betrauen. Diese Teams müssen synchronisiert arbeiten und die Zuarbeiten für das Gesamtprojekt müssen abgestimmt werden, um das Projektziel störungsfrei zu erreichen.

Das agile Projektmanagement wird ständig angepasst und gemäß den Erfahrungen verbessert. Auch für das Framework Scrum trifft dies zu. Für die Einbindung mehrerer Teams entstanden im Laufe der Jahre Rahmenwerke zur optimalen Steuerung der Teams. Die bekanntesten sind:

- Large-Scale Scrum (LeSS)
- Scaled Agile Framework (SAFe)
- Nexus Framework

Large-Scale Scrum

Large-Scale Scrum wurde gezielt für den Einsatz vieler Teams konzipiert, die an einem Projekt arbeiten. Zwei eigene Frameworks sorgen dafür, dass Scrum für sich sehr schlank aufgeteilt bleibt. Man unterscheidet das Framework LeSS (2-8 Teams) und LeSS Huge (> 8 Teams). Einige Benennungen ändern sich, die Funktionen bleiben überwiegend die gleichen. So wird z.B. aus dem Entwicklungsteam ein Feature-Team. Es bleiben aber auch einige Bezeichnungen identisch, z.B.: Product Owner, Product-Backlog oder Sprint.

Scaled Agile Framework

Dieses Framework wurde entwickelt, um die Agilität in einem auch in einem sehr großen Unternehmen einzusetzen. Genutzt werden dabei die Methoden Scrum und Kanban. Der Aufbau besteht aus drei Ebenen, in denen Teams (als Feature-Teams) selbständig arbeiten.

Diese Teams nutzen die bekannten Scrum Rollen Entwicklungsteam, Scrum Master und Product Owner.

- Ebene 1 = Teamebene

Mehrere Feature-Teams arbeiten u. A. mit Scrum und Kanban

- Ebene 2 = Programmebene

Mehrere SAFe Agile Team bilden auf dieser Ebene einen sogenannten Agile Release Train. In etwas längeren Sprints wird ein Produkt Schritt für Schritt entwickelt.

- Ebene 3 = Portfolioebene

Auf dieser Ebene werden mehrere Projektschritte analysiert, terminisiert und an die Agile Release Train zur Umsetzung zurückgegeben. Auf dieser Ebene kommt auf jeden Fall Kanban zum Einsatz.

Nexus Framework

Hierbei werden die Abhängigkeiten für bis zu neun Scrum-Teams koordiniert und in Einklang gebracht. Ausgegangen wird von einem einzigen, für alle Teams geltenden, Product Backlog. Neu ist das Nexus Sprint Backlog, in dem die Aufgaben aller Teams aufgelistet sind.

Nexus wurde unter dem Aspekt entworfen, im Projektmanagement klein zu starten und langsam zu wachsen. Auch Nexus nutzt die Bezeichnungen Scrum Master und Product Owner (einer für alle Teams!)

Zu bemerken ist noch. Dass in allen drei Frameworks von einem Product-Owner gesprochen wird. In LeSS und Nexus jeweils einer gesamt, in SAFe einer pro Team. Im Scrum Guide wird dessen Funktion deutlich beschrieben. Nicht vorgesehen ist darin die Situation bei SAFe mit einem Product Owner pro Team. Doch beim genauen nachlesen wird klargestellt, dass der Product Owner in einem Großprojekt mit mehreren Teams einige seine Aufgaben, z.B. Backlog Pflege durch das jeweilige Entwicklungsteam erledigen lassen kann.

Wie sieht es aber im gleichen Zug mit dem Scrum Master aus. Hierzugibt es keine pauschale Aussage, lediglich die Aufgabenbeschreibung des Scrum-Masters lässt Rückschlüsse zu. Er hat zum überwiegenden Teil Coaching-Aufgaben zu erledigen. Besteht die Teams nun aus Spezialisten, kann er sicherlich mehrere Teams betreuen. Ist die Qualifikation er Teammitglieder nicht so hoch anzusetzen, kann es von Vorteil sein, einen weiteren Scrum Master einzusetzen. Wichtig dabei ist aber die einheitliche Innen- und Außendarstellung dieser Personen.

Bei der Aufteilung der Projektmitarbeiter auf verschiedene Teams ist besonderes Augenmerk von Nöten.

Der größte Fehler dabei dürfte die Aufteilung nach Organisationseinheiten des Unternehmens sein. Große Unternehmen haben im Regelfall eine Marketing-, eine Einkaufs-, eine IT, eine Entwicklungsabteilung usw. usf. Da jedes Entwicklungsteam bekanntlich interdisziplinär arbeiten soll, wäre eine gleichmäßige Aufteilung nach Fähigkeiten der Mitarbeiter die optimale Lösung. Dadurch wird kein Team bei der Entwicklung der Teil-Produkte Zeit verlieren. Die Zusammenführung aller Teil-Produkte ist zum Schluss mehr als einfach.

Natürlich gibt es auch hier wieder die Ausnahme vom Idealfall. Wir alle nutzen hier und da einmal ein Reiseportal im Internet. Zu buchen gibt es Reisen, Übernachtungen, Kreuzfahrten, Flüge usw. Stellen Sie sich jetzt einmal als Auftrag die Programmierung eines neuen Reiseportals vor. Da bietet es sich ja geradezu an, Entwicklungsteams nach Organisationsgedanken aufzustellen. Da kümmert sich das eine

Entwicklungsteam um das Thema Übernachtung, das nächste um die Flüge, ein weiteres um die Übernachtung usw. Jedes Entwicklungsteam arbeitet bei diesem Beispiel ein separates Produkt aus. Dieses entstandene Produkt kann bereits separat eingesetzt werden oder wird am Ende der Zeitreise zu einem großen Ergebnis zusammengeführt. In dieser Konstellation wird es den angedachten Ideenaustausch nur zwischen den Entwicklern des Einzelprojektes geben, aber nicht teamübergreifend.

Wie sieht es mit Teams aus, die an untereinander entfernten Standorten arbeiten? Für ein agiles Arbeiten nicht ideal, ohne Frage. Es ist besonders schwierig, den Teamspirit unter den Teams zu schaffen oder aufrecht zu erhalten. Die Nähe zum Kollegen bzw. Mitarbeiter, das tägliche Meeting, sich dabei „in die Augen schauen", die Diskussionen: Alles nicht möglich!!! Das Ergebnis erlebt man in der Berufswelt immer wieder. Das Team am Ort „A" schimpft über das Team am Ort „B". Es ist eine Ausgangslage, wie sie in Konzernen durchaus vorkommen kann. Diese Situation ist auch keine besonders gute Empfehlung für den Einsatz eines Agilen Projektmanagements. Aber auch hierzu gibt es eine Lösung! Denken Sie an den Absatz zuvor: Das Reiseportal. Dabei gab es eine Trennung nach Fachgebieten. Dies kann auch in einem überregionalen Projektmanagement umgesetzt werden. Lassen Sie einfach jedes Team, auch wenn es vom Kenntnisstand heterogen aufgestellt ist, an einem Teilprojekt arbeiten. Denken Sie daran, dass diese Situation auch an einem Standort mit mehreren Teams zutreffen wurde. Jetzt liegt eben nicht der Flur zwischen den Teams, sondern ein „X"-Km-Entfernung.

Fragen und Antworten

Zum Abschluss, nach der Menge an Informationen, finden Sie in dieses Handout noch einen entspannten Abschluss, ganz dem Grundgedanken für agiles Arbeiten. Nachfolgend kommen einige Fragen, zu denen Ihnen drei Antworten zur Auswahl stehen. Markieren Sie einfach die richtige Antwort oder die richtigen Antworten.

Sie erinnern sich an die Seite 4 dieses Hand-Outs und auf den Hinweis:

„Diese Passage bitte vorerst nicht beachten".

Das ist die Auflösung des kleinen Fragekatalogs.

Frage 1:

Was bedeutet das Wort „agil" im Projektmanagement?

a) Es ist ein sportliches Event

b) Ein eigenverantwortliches Arbeiten ist möglich

c) Man erreicht schneller den Feierabend

Frage 2:

Wieviel Grundregeln bilden das Gerüst des agilen Projektmanagements?

a) 4

b) 7

c) 12

Frage 3:

Wieviel Phasen durchläuft jedes Projektmanagement?

a) 4

b) 7

c) 9

Frage 4:
Welche nachfolgende Aussage entspricht einem Irrtum im agilen Projektmanagement?

a) Agile Arbeiten kann man nur mit 1 Team
b) Agiles und hybrides Projektmanagement sind identisch
c) Agil ist schneller als traditionelles Projektmanagement

Frage 5:
Was versteht man unter dem Scrum Guide?

a) Einen Reiseführer für die Insel Scrum
b) Ein Regelwerk für die agile Methode Scrum
c) Einen Kautschukbaum

Frage 6:
Wie nennt sich das optische Hilfsmittel für die Anzeige aktueller Aufgaben?

a) Wake Board
b) Body Board
c) Task Board

Frage 7:
Wie nennt man das kurze, im Stehen stattfindende Mitarbeiter-Meeting?

a) Daily Scrum
b) Bulli Scrum
c) Stromboli

Frage 8:
Wie nennt man einen Teilabschnitt innerhalb des Projektmanagements?

a) Run
b) Sprint
c) Walk

BONUS-Notizen

Prozess-Richtlinien

To Do	Work in Progress	Done

To Do	Work in Progress	Done

Stand-Up-Meeting Tag 1

Stand-Up-Meeting Teilnehmer

#	Teilnehmer	Anwesend?	Grund für Abwesenheit

Stand-Up-Meeting Updates

#	Gestern	Heute	Hindernisse

Generelle Schwierigkeiten:

#	Schwierigkeit

Stand-Up-Meeting Tag 2

Stand-Up-Meeting Teilnehmer

#	Teilnehmer	Anwesend?	Grund für Abwesenheit

Stand-Up-Meeting Updates

#	Gestern	Heute	Hindernisse

Generelle Schwierigkeiten:

#	Schwierigkeit

Stand-Up-Meeting Tag 3

Stand-Up-Meeting Teilnehmer

#	Teilnehmer	Anwesend?	Grund für Abwesenheit

Stand-Up-Meeting Updates

#	Gestern	Heute	Hindernisse

Generelle Schwierigkeiten:

#	Schwierigkeit

Wir danken Ihnen für Ihr Interesse und Ihr Vertrauen. Als Dankeschön dafür, haben wir eine besondere Überraschung. Wir haben einen Guide für **perfektes Projektmanagement – So funktioniert es**, nur für Sie. Und diese erhalten Sie vollkommen kostenlos. Das klingt wunderbar? Dann warten Sie nicht lange und holen Sie sich Ihr Gratis-Geschenk.

Hier geht es zu Ihrem Gratis-Geschenk:

https://forms.gle/jkwpwWpnKShouJgXA

1. **Öffnen Sie die Kamera-App auf Ihrem Smartphone und richten Sie die Kamera auf den QR-Code.**
2. **Klicken Sie auf den Link, der Ihnen angezeigt wird und schon werden Sie zur Website weitergeleitet.**

Impressum

Herausgeber: Pegoa Global Media GmbH / Am Sandtorkai 27 / 20457 Hamburg
Kontakt: kontakt@pegoamedia.de
Coverbild: Shutterstock

Haftungsausschluss:
Die Nutzung dieses Buches und die Umsetzung der enthaltenen Informationen, Anleitungen und Strategien erfolgt auf eigenes Risiko. Der Autor kann für etwaige Schäden jeglicher Art aus keinem Rechtsgrund eine Haftung übernehmen. Haftungsansprüche gegen den Autor für Schäden materieller oder ideeller Art, die durch die Nutzung oder Nichtnutzung der Informationen bzw. durch die Nutzung fehlerhafter und/oder unvollständiger Informationen verursacht wurden, sind grundsätzlich ausgeschlossen. Rechts- und Schadenersatzansprüche sind daher ausgeschlossen. Dieses Werk wurde sorgfältig erarbeitet und niedergeschrieben. Der Autor übernimmt jedoch keinerlei Gewähr für die Aktualität, Vollständigkeit und Qualität der Informationen. Druckfehler und Falschinformationen können nicht vollständig ausgeschlossen werden. Es kann keine juristische Verantwortung sowie Haftung in irgendeiner Form für fehlerhafte Angaben vom Autor übernommen werden. Die bereitgestellten Analysen, Vorschläge, Ideen, Meinungen, Kommentare und Texte sind ausschließlich zur Information bestimmt und können ein individuelles Beratungsgespräch nicht ersetzen. Alle Informationen dieses Buches entsprechen dem Kenntnisstand zum Zeitpunkt des Verfassens dieses Buches. Eine Haftung für mittelbare und unmittelbare Folgen aus den Informationen dieses Buches ist somit ausgeschlossen.
Informieren Sie sich weitläufig aus unterschiedlichen Quellen und bedenken Sie, dass am Ende nur Sie für die Entscheidungen verantwortlich sind.

Haftung für externe Links:
Unser Angebot enthält Links zu externen Websites Dritter, auf deren Inhalte wir keinen Einfluss haben. Deshalb können wir für diese fremden Inhalte auch keine Gewähr übernehmen. Für die Inhalte der verlinkten Seiten ist stets der jeweilige Anbieter oder Betreiber der Seiten verantwortlich. Die verlinkten Seiten wurden zum Zeitpunkt der Verlinkung auf mögliche Rechtsverstöße überprüft. Rechtswidrige Inhalte waren zum Zeit-punkt der Verlinkung nicht erkennbar.